电子产品概念设计的理念与管理模式

——设计心理学及多元视角探析

The Principle and Management Mode of Electronic Product Conceptual Design

——Design Psychology and Multiple Perspectives

王筱雪　编著

内容简介

本书在论述产品设计内涵特征的基础上，从心理学理念、多元化理念、美学理念、智能化理念及绿色设计理念等方面，阐述了电子产品概念设计（EPCD）的发展背景、现状及趋势；论述了技术与设计（AI与设计，BD、CC与设计，数字化、CAD、3DP与设计，INTERNET与设计），模型与设计（虚拟模型与设计、3D模型与设计、数学模型与设计、仿真模型与设计）以及算法与设计，语义理解与设计等热点创新方向；重点探讨了设计心理学、色彩心理学、工艺学等原理与方法，对于EPCD的指导作用。书中还系统地分析了EPCD的原则依据、理念方法、技术途径等问题，并对EPCD进行了评价，研发了EPCD系统。

本书可作为电子信息与工程、应用心理学、产品设计等专业本科生的学习参考，亦可作为数字化、信息化、网络化、智能化领域相关专业人士的参考。

图书在版编目(CIP)数据

电子产品概念设计的理念与管理模式：设计心理学及多元视角探析/王筱雪编著．--北京：气象出版社，2019.1

ISBN 978-7-5029-6933-2

Ⅰ.①电… Ⅱ.①王… Ⅲ.①电子产品—产品设计—应用心理学 Ⅳ.①TN602-05

中国版本图书馆CIP数据核字(2019)第026548号

Dianzi Chanpin Gainian Sheji de Linian yu Guanli Moshi
——Sheji Xinlixue ji Duoyuan Shijiao Tanxi

电子产品概念设计的理念与管理模式——设计心理学及多元视角探析

出版发行：气象出版社
地　　址：北京市海淀区中关村南大街46号　　**邮政编码**：100081
电　　话：010-68407112(总编室)　010-68408042(发行部)
网　　址：http://www.qxcbs.com　　**E-mail**：qxcbs@cma.gov.cn
责任编辑：王萃萃　李太宇　　**终　　审**：吴晓鹏
责任校对：王丽梅　　**责任技编**：赵相宁
封面设计：博雅思企划
印　　刷：北京中石油彩色印刷有限责任公司
开　　本：710 mm×1000 mm　1/16　　**印　　张**：9.5
字　　数：202千字
版　　次：2019年1月第1版　　**印　　次**：2019年1月第1次印刷
定　　价：50.00元

前　言

随着电子信息科技的快速发展，越来越多的电子产品（Electronic Product，EP）不断涌现，极大地满足了人们现代生活与工作的需要。特别是建模仿真技术向网络化、虚拟化、智能化、协同化与普适化的发展，为复杂系统数字化设计提供了良好的技术基础。在过去的十多年间，人工智能（Artificial Intelligence，AI）的概念已与数字化技术密切关联。如今常见的汽车中控系统、物联网（IOT）、计算机程序中的自学习算法，甚至 iPhone 中的语音助手 Siri，都表现出了一定的智能化特征。快递无人机、智能传感器、工业 4.0……人们的日常生活中出现了越来越多的智能特征。无论是数字化，还是智能化，都涉及诸多电子产品，都是电子技术、信息技术、网络技术、设计技术、制造技术等融合发展的结果，蕴含了人类科技发展的最新成果，并正在影响着我们赖以生存的地球环境。

设计是一个复杂的知识发现过程，设计思维是设计科学的核心问题。设计的发展在一定程度上就是设计思维的发展。在信息时代，设计的适应性与创造性无论在理论方面，还是在设计方面，都备受人们关注。在快速发展的多元化社会，人们的需求多种多样，对于设计就不能仅强调单纯的技术和外形美观问题，还要从社会、心理、行为、文化诸方面进行深入探索。传统的工业设计（industrial design）主要考虑造型、新概念和产品规划与管理。20 世纪 70 年代后出现了大量微电子产品及数字产品。这些新技术产品给工业设计提出了一系列新问题，其一是产品的操作使用主要依靠用户感知和认知；其二是人机学（ergonomics）主要解决适应人体生理特性的问题。20 世纪 80 年代后期，人们开始探索用户界面设计和信息设计为主要特征的工业设计等发展方向（李乐山，2004）。产品概念设计（Product Conceptual Design，PCD）是产品设计（Product Design，PD）过程中最为重要、最为复杂、最为活跃、最具有创造性的阶段，也是产品形成价值中最具有决定意义的阶段。因此，对 PCD 的研究一直是计算机集成制造（Computer Integrated Manufacturing，CIM）领域的前沿方向。目前，各种理念层出不穷，极大地促进了 PCD 研究与开发的进程。特别需要提及的是，当代产品设计，要体现一系列时代特征，即现代性与文化感的和谐统一、情感化与设计结构的协调统一、技术与艺术的融合统一、外观特征与产品功能的适应统一、制造材料和工艺技术的合理匹配，以及绿色节能和低碳环保等方面的更加科学。而基于设计心理学（Design Psychology）为代表的一系列心理学（Psychology）理念，以及设计美学（Design Aesthetics）、材料工艺学（Material Technology）等理论与方法，则对于当代电子产品设计（Electronic Product Design，EPD）与制造具有重要的指导价值，成为 EP 研发领域更具活力的热点方向。

当代新产品日新月异、层出不穷，PCD 体现了产品创新的重要内涵。产品功能作为 PCD 的关键，贯穿于整个 PCD 过程的始终。PCD 过程就是一个产品的功能定义、功能分解、功能组合、功能实现及方案优化的过程。在纷繁复杂的现实世界中，人们对产品的需求是多样的，而 EP 的需求与应用也具有广泛性；在此需求基础上的电子产品概念设计（Electronic Product Conceptual Design，EPCD），自然而然地具有现实必要性。EPCD 是一个多学科交叉的新领域，概念设计的独创性、探索性及抽象性，形态与功能的协调性、先进性，以及外观特征的新颖性与人性化等特征，已经贯穿于 EPCD 的始终，也是 EPCD 内涵特征及其规律的体现。遵循功能性原则，系统性原则，简洁性原则以及优化性原则，是实现 EPCD 科学化的重要保证。

20 世纪 80 年代初期，基于电子技术的家电产品不断创新，丰富了人们的生活。而在 20 世纪 80 年代中后期，家用电器（household appliances，domestic appliance）、安防设备和通信设备（communication device）不断得以融合，自动化住宅模式逐渐形成。随后，在通信与信息技术的支撑下，通过总线方式对家电、安防、通信进行监控和管理的商用系统——智慧屋也逐渐问世。日本在 1988 年制定了家庭总线系统标准（HBS），提出了家庭总线的概念，并对住宅的信息管理采用超级家庭总线技术。美国 EIA 于 1988 年编制了第一个《家庭自动化系统与通信标准》，也称之为 HBS。中国于 1997 年初制定《小康住宅电气设计（标准）导则》（讨论稿）；规定了电气设计应充分满足安全性，舒适性，便利性以及综合的信息服务（潘大生，2017）等要求。面向新时代的新家电，必然要在数字化、网络化、智能化的方向体现其特色优势。

目前，人们越来越关注数据信息及网络与智能等对于产品设计与制造（D&M）的影响。国际媒体曾将大数据时代（BDE）、智能化生产、无线网络称之为引领未来科技发展的重大技术变革；而各种新理念与各类高新技术支撑下的产品设计，则成为产品研发的重要驱动力。肖前国（2017）研究了大数据(BD)、云计算(CC)时代背景下的心理学研究变革问题。强调以BD、CC为代表的互联网信息技术,正在影响着社会科学研究范式的变革,推动了计算社会心理学与心理信息学等新学科的发展。而相关学科及领域理念创新与技术进步,能够直接或间接地影响到产品设计领域的发展。

在研究EP的基础理论中,基于可拓学(extenics)理论的PCD方法与系统实现,对于解决PCD与工程实现的瓶颈问题,具有重要的理论意义和工程价值。这种系统具有较高的智能化程度,可以及时有效地完成用户的多元化需求。在目前背景下,梳理低碳制造业发展基础,可为绿色农产品(green agricultural products)加工、旅游装备制造、新能源新材料、新能源汽车(New energy Vehicles,NEV)制造、智能制造(特别是电子信息制造)等产业开拓新思路与新途径。

现代设计理论倡导设计过程由以参数为主的参数设计(parameter design),向着以管理为主的管理型设计(administrative design)方向转变。设计的最终效果,依赖于对设计者、设计过程、设计进度乃至于设计思路的有效管理。产品也不仅是一个独立的产出体,而是生产经营系统的综合产物。这就需要一种既能够准确把握市场动向与用户需求,又能够对设计过程和设计思想进行有效管理,并能够对其进行指导的设计理论(design philosophy),设计学科始终是EPCD的理论源泉与发展动力。

本书是作者在心理学专业以及电子与通信工程专业学习及研究工作基础上,进一步开展研发工作的集成性成果。南京信息工程大学肖韶荣教授,南方测绘南京分公司姚春高级工程师,淮北师范大学鲁峰教授,南京信息工程大学王让会教授,气象出版社李太宇编审等在成果研发和出版过程中给予了指导与帮助。在本书问世之际,作者对所有同仁所做出的辛勤工作,表示衷心感谢!

本书力图体现电子信息科学、应用心理学等学科的理念创新、技术创新与方法创新,但限于著者专业基础与应用能力的局限性,书中一定存在着许多不够完善的方面,敬向读者及同行不吝赐教!相信在不远的将来,在新理念、新技术、新方法、新工艺发展的背景下,电子产品概念设计与制造将得以快速发展。

王筱雪
于南京信息工程大学
2018年12月1日

目　录

第1章　产品设计导论

1.1　产品设计

1.1.1　产品设计的内涵

当代科技发展日新月异，促进了各行各业与社会经济的发展。设计是综合体现科技R&D与产品创新能力的客观实践活动，激发着人们的价值取向与审美意识向更好的方向发展。理论和实践均已证明，具有创意性的产品设计，更多地承担着引导社会生活与大众文化的责任，成为实现“中国制造”向“中国创造”转变、中国经济走向可持续发展道路的关键（杨先艺等，2012）。创新设计（innovative design，creative design）作为当代产品设计的核心，始终具有旺盛的生命力；而PCD作为产品设计的早期阶段，它的本质特点就是创新，它是PD中最体现人类智慧与创造能力，影响方案优劣的重要阶段，是PD中最为关键的技术。因此，研究PCD及概念创新设计，对于丰富与发展产品设计理念、技术与方法具有重要现实意义。

产品设计（PD）是将人的特定需要转变为具体的物理形式的过程，也就是把人们对事物的要求、设想、理念，通过具体的载体以合适的形式完整地表达出来的过程，它也是一种具有创造性的活动。PD也彰显着时代的经济、科技和文化特征。在PD阶段，设计者需要全面地确定产品的结构、功能、规格及使用对象等属性特征，并要确定整个生产布局与流程，不言而喻，PD的意义十分重大。如果一个PD不具有合适的生产理念与模式，后续生产过程就可能耗费大量时间及费用来调整或更换设备、材料、工艺及相关要素条件，则可能事与愿违。相反，科学合理的产品设计，其功能具有优越性，有利于生产制造，降低生产加工成本，方便人们使用，从而增强产品的综合竞争力。要在当代市场竞争中取得优势，就必须注重PD的各个环节，以便设计出新颖、时尚、美观、不同人群及大众可接受的具有独特功能的产品。正因为如此，许多管理者、经营者、设计师及工程技术人员，都把设计看作是至关重要的战略工具。

关于PD的研究与探索一直是电子信息及诸多领域探索的热点。刘永翔(2009)在《产品设计》中,系统地阐述了有关PD的一系列问题,特别是阐述了PD的范畴与属性,PD对于企业的战略意义,PD的风格演变以及PD的行业素质要求等当代设计领域人们关注的热点。在此基础上,从产品开发的定位与类型,PD的内容与实施要素,PD与企业、科技、文化以及发展趋势等方面,全面地阐述了PD活动的组成。在上述探索的基础上,把实现产品功能与人机界面设计(man-machine interface design)相结合,重点分析了产品形态构成的社会公众心理特征,以及产品设计中的色彩表达等问题,揭示了PD中的语意传达机制。随后,针对产品设计相关问题,主要从产品造型(product modeling)的典型结构,产品造型材料,产品加工工艺,现代制造技术等方面,阐述了工程实现的主要特征及作用意义。通过样式改良分析,方式创新分析,概念创造分析,企业R&D等一系列有针对性的内涵梳理与特征分析,揭示了典型案例中PD的特点。最后,作为引导学习者、设计者等不同对象开展PD的不同要求,从五金工具类产品(hardware tool,TOOLS & HARDWARE),消费电子类产品(CE),时尚器具,风格家具,交通工具,行业专用设备等方面,进行了产品设计评析。上述研究与探索,无疑对于梳理PD领域研发问题,凝练PD领域研发思路,引导PD领域研发方向,开拓PD领域研发进程,具有重要的理论指导价值与范式借鉴意义。表1-1简要地反映了产品设计流程及主要内容。

表1-1 产品设计流程及内容

一般流程	用户研究	需求分析	概念设计	功能设计	流程设计	原型设计
主要内容	用户访谈 现场观察 实验分析 问卷调查	市场调研 竞争分析 行业分析 情景分析	信息模型 用户模型 功能模型 概念模型	功能规格 功能结构	业务流程 操作流程	产品构架 外观构型

1.1.2 产品设计的要求

设计是一种创造性活动,一项被大众认同的设计,应尽可能地体现社会发展与科技进步,并反映人们的心理观念、美学理念与产品功能和质量效益等特点,同时,综合性地满足人们的使用要求或制造工艺要求。因此,PD的功能至关重要,其次才是形状外观等特征。被大众推崇的设计应是丰富多彩的、多样化的使人感到有趣及愉悦的创新理念的真实体现。

设计活动是创意与满足人们需求的过程,各种需求是PD必须考虑的重要因素,但不同的社会发展水平、科技进步程度、经济状况条件等是不断变化的，设计者必须时刻把握相关变化要素的特征，并及时有效地融入设计元素中，体现在设计产品中，才可能得到良好的社会认同。

1.1.2.1　社会发展的要求

如前所述，PD作为满足社会需要的创造性活动，研发的各类新产品始终要以满足社会大众需要为前提。社会需要不仅是当前的社会需要，而且要着眼未来较长时期的发展需要。不断推进产品R&D进程，加强产品D&M管理，开发先进产品是产品设计的关键所在。为此，必须加强对国内外技术发展的系统研究，尽可能地吸收国际先进理念与技术，并合理地运用到特定的产品设计中来。在一定的条件下，科学合理地引进先进技术和产品，有利于短期内提升国内技术研发水平与中国人自身的创新能力，服务于2025中国制造。

1.1.2.2　经济效益的要求

社会经济的快速发展，为产品R&D提供了重要机遇及市场，产品设计是为了满足市场纷繁变化的客观需求，以获取持续高效的经济收益；这是产品设计经济效益角度的现实目的。科学合理的产品设计能够在很大程度上满足人们对产品外观、结构功能、感官体验、适用程度、效用价值等性能特征的客观需求。科学合理的设计还能够节约原材料、实现绿色低碳模式、提高生产功效、降低成本等。不管怎样，产品的R&D与D&M过程，注重原料和制造成本(manufacturing cost)，成为产品经济性的重要指标。

1.1.2.3　使用的要求

新产品的设计与R&D，也要系统地了解与考量使用者在使用方面的一系列需求。也就是说，产品要为社会公众所接受与认同，就必须从公众的现实需要出发，充分满足各类人群的使用要求，在一定程度上而言，这也是对PD的基本要求。

人们对产品的使用要求涉及产品性能特征的诸多方面，一般包括产品使用的方便性、舒适性、可靠性、安全性等。设计产品时，必须对使用过程的上述属性全面考量，权衡各种属性在产品中可能体现的程度与状况，并采取有效策略，拓展与衍生更多的适用需求。同时，在产品R&D过程中，还需要合理有效地把握产品的人机工程性能，并能够保障设计产品使用中比较方便地改善使用条件。产品在预定使用条件保持正常工作的特性，是产品可靠性的重要体现；产品可靠性与安全性也具有一定的关联性。除了产品在使用便捷以及满足使用目的的同时，良好的产品设计还需要充分考虑与产品有关的设计美学问题，以及产品外形和使用环境、潜在使用人群特点等的关系。需要强调的是随着人们审美理念与审美情趣的变化，设计者应当尽可能地凝练设计理念，挖掘设计元素，设计出使产品使用者心情愉悦乐意接受的产品，引导人们的审美取向，拓展与提升产品所内含的鉴赏价值。

1.1.2.4 制造工艺的要求

产品设计还需要考虑未来生产制造的工艺技术问题，不同的制造工艺，对产品设计的适用性也不完全一样。符合工艺原则是对设计产品结构的必然要求，也是生产工艺(manufacturing technique)对 PD 的基本要求；通俗来讲，就是产品生产者能够运用经济性的加工方法，顺畅地制造出满足产品标准的产品。这就客观上要求所设计的产品结构能够尽可能地适应目前制造工艺技术的特点，最大限度地降低产品制造的能耗及相关物质消耗(materials consumption)，缩短生产周期和制造成本。随着 3DP 技术的快速发展，制造工艺的原理、方法以及对产品结构、材料的要求已经发生了重大变化，这在一定程度上改变着产品的制造过程，同时，也对产品设计提出了更多更高的新要求。

1.2 产品概念设计

1.2.1 PCD 的内涵特征

前面已经介绍了 PD 的相关问题，在此基础上有必要进一步了解 PCD 的相关问题。一般而言，PCD 是由分析用户客观需求到生成概念产品的一系列有序的设计活动；PCD 过程直接关系到未来产品的综合效果，是一个不断深化提升的复杂过程。PCD 的最终目的是开发公众需要的新产品，这就要求 PCD 要以公众需求为重要的设计依据。用户显性需求(manifest need，manifest demand)能够通过分析市场调查数据直接获知，进而指导产品概念设计；而用户潜在需求(potential demand)则需要从事 PCD 的专业人员充分挖掘公众需求信息，预测公众的期望，并运用科学的方法保障设计的科学性与合理性。

产品设计过程中，作为 PCD 的对象，概念产品的表现形式极具多样性，既有 3D 实物，也有虚拟电子模式，还可能有其他复杂的表现形式。在开展 PCD 的过程中，人们逐渐地凝练出了 PCD 的创新性、多维性、综合性、多样性等特征，并随着技术的发展不断丰富其内涵。

创新性是 PCD 的本质特征，主要表现在运用全新的设计理念生产概念产品，引导公众理念创新及文明消费：一方面，可以实现对现有产品功能进行改进，另一方面，可以研发新功能产品；无论是对现有产品生产中的技术进行改良和突破，还是对产品外观(product appearance)进行创新，在一定程度上都会给公众带来一定的特色体验，从根本上提升产品竞争的基础。

PCD是一项复杂的系统性工作。之所以具有复杂性，是因为设计过程既包含了社会需求分析与产品功能定位，还涉及概念产品模型与生产结构设计等多个设计环节。设计要素及过程的多元化，也增加了设计过程的复杂性。尤其在产品概念凝练与创意挖掘阶段，设计者不仅要多维度地酝酿与思考，而且还要从设计产品的预期特点着手，运用抽象发散逻辑思维方式，提出解决问题的创造性思路，为PCD奠定基础。

任何一种产品都离不开设计概念、满足功能与实现技术等环节的相互支撑，PCD也必然融合了三者的特点。PCD的综合性主要表现在概念、功能及技术等方面的有机结合。任何产品的概念均需要综合市场调查、需求分析、工艺特点、经济性状、同类产品概念模型比较等多个环节，进而作出合理科学的市场预测。为此，设计者及生产者需要综合运用创新技术生产产品，并赋予产品使用价值。

1.2.2 PCD的研究现状

指导PCD的理论与方法涉及诸多学科，但PCD的创新有赖于设计方法学的基本原理。注重概念设计方案(Conceptual Design Scheme，CDS)的模型构建与科学表达，始终是体现设计者的设计理念和设计特色的源泉。目前，概念设计方法正在成为研究的重要方向，并正在产品设计领域发挥着越来越大的作用。

在人们研究概念设计的过程中，许多学者提出了具有科学性、典型性、实用性的设计方法，在不同产品的概念设计中发挥着重要作用。无论是系统设计法，还是公理化设计(axiomatic design)方法，都是目前设计领域适用性较强的概念设计方法。前者是运用系统工程的理论和方法，对产品设计过程进行剖析，寻求针对特定对象的系统性设计模式与途径；后者则是将概念设计过程分解为不同设计对象，既要与概念产品的客户属性及功能要求相联系，又要与概念产品的设计参数与过程变量相对应，这种方法有利于把握产品R&D中的具体设计问题，有利于定性要素与定量特征的有机结合，也有利于产品的标准化与规范化。在产品设计领域的键合图(bond graph)法，也具有重要的实用性。该方法的主要思路及途径具有环环相扣的逻辑关系：首先，利用行为表达产品的功能要求，并基于键合图进行产品行为建模；随后，通过构建的行为图和物理元件匹配，生成产品的多个设计方案。

在 PCD 的研发进程中，发明问题解决理论(theory of inventive problem solving)因不失为一种具有创新价值的 PD 原理与方法基础而备受关注。具体而言，运用 TRIZ 分析客户需求，获取多种具有创新价值的方案，并运用 DEA 对创新方案进行评价，获得最优的 CDS。同时，也有专家创建功能、行为与结构三层次的方法模型，进而研发形成不同层次的创新概念设计方案。还有学者基于实例原型的概念设计模型，并将其应用于产品设计过程中，取得了良好的应用效果。

1.2.3 PCD 的研发方向

随着电子信息科学技术以及产品设计科学方法的不断发展，PCD 的研究也正在向集成化、网络化、数字化、智能化的方向发展，极大地拓展了 PCD 的研究深度和广度。PCD 有诸多研究热点，在研究内容方面，重视对概念设计内在规律与思维模式的研究；在关注对象方面，侧重产品的多样化与复杂产品多维度研究；在实现技术方面，重视对网络技术和数字技术以及 3DP 技术的应用研究，在一定程度上是 PCD 创新发展的重要方向。

1.2.3.1 协作式 PCD 研究

随着 PCD 的复杂性越来越高，使得 PCD 往往需要设计团队相互协作共同完成。在此情景下，协作式研究逐渐成为 PCD 的重要研究方向。为了满足不同设计领域的设计者、使用者和制造者之间的协作需求，有意识地把协作式概念设计与多学科知识相结合，融合设计参与者的思路与经验，甚至把 BD、CC、GIS 等应用其中，实现对产品数据和知识的高效管理。在该研究方向，协作式 PCD 的内涵十分丰富，主要包括网络协作设计、智能协作设计、设计数据共享、设计信息管等探索的热点方向。

1.2.3.2 PCD 复杂模型研究

PCD 研发离不开各种模型的支撑，未来 PCD 研究的重点也将在模型研究方面得以进一步拓展。模型的特点与类型多种多样，设计过程模型、产品信息模型、方案生成模型等，均在 PCD 中具有重要作用。运用设计模型解决复杂 PCD 的创新问题，是提升设计有效性的重要途径。当代的复杂产品，既涉及控制与机械领域，也涉及电子及网络技术等高科技领域。针对复杂产品的概念设计，就必然需要探索复杂性科学及相关学科理念与形成设计方案的关系，寻求符合复杂要素表达的方法，并在充分进行知识挖掘与数据挖掘的基础上，构建产品复杂模型并对其进行提升与创新，使其在 PCD 的复杂模型方面发挥有效作用。图 1-1 反映了一种管理复杂设计的模式。

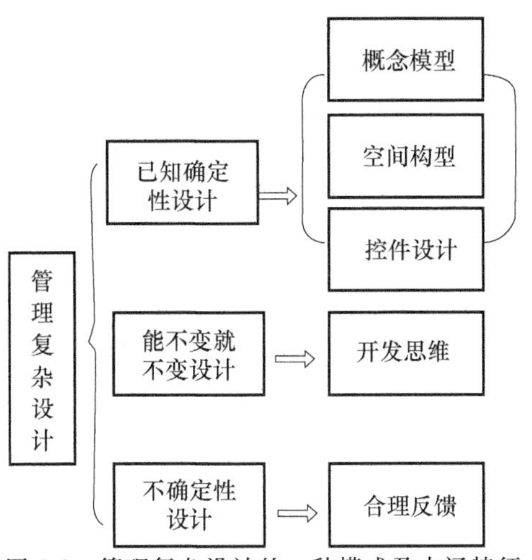

图 1-1 管理复杂设计的一种模式及内涵特征

1.2.3.3 产品模型表达方式研究

目前,已有的许多 PCD 的模型可以对设计的不同侧面进行描述,促进了产品设计的深化。但是,由于未能形成统一的产品模型(product model)描述方式,也容易导致 PCD 与详细设计、结构设计和工艺设计的不协调。为了适应规模化、标准化以及技术共享的发展,需要建立不同类型、不同性能、不同目的的产品模型。这样的模型具有统一的规范与标准,具有可扩展的内涵基础。为此,重视产品创新设计(Product Innovative Design,PID),是 PCD 未来研究的重要方向。通过逻辑方法、数理方法、制图方法构建大众需求、产品功能与结构的映射机制,探索全方位理念挖掘与模式构建途径,实现设计过程的控制自动化,解决 PCD 与各类数学模型、模型工具以及工具软件的集成问题,均是产品设计跨越当代,走向未来的必由之路。

1.2.3.4 人机协作概念设计系统研究

PCD 需要发挥设计者的主观能动性,又要合理利用计算机技术、网络技术、信息技术,把人的智慧与机器和技术密切结合起来,充分利用 HCI 的理念与方法,不断创新 PCD 的实现模式。不断重视可视化与虚拟技术的运用,研究人机任务分配、人机协作算法、HCI 界面开发等内容,是人机协作概念系统研发的重要方向。通过多技术的融合,最终构建 HCI 平台,实现人为操作与机器算法的有机结合。图 1-2 简要地反映了人机交互设计的概念模式。

所谓交互,即 I/O,因此,交互设计(interaction design)就是针对 I/O 方式的设计。在现实应用中,输入方式一般是人,而输出方式,则一般是机器。在现实设计中,客观存在着一系列交互设计的需求及典型范式。目前,人们

常常通过“触摸”来控制电子产品屏幕便是一种输入方式，而电子产品屏幕上提供相应的界面则为输出方式。而作为交互模式的设计者，就要全面地思考I/O方式的合理性与科学性，特别是要考量触摸方式的优缺点，具体的机器界面设计特征，人与机器沟通的便捷性，大众认同感等。要解决上述问题，人们就要了解信息处理的人为策略与方式。这在一定程度上就涉及认知心理学及行为心理学等理念。

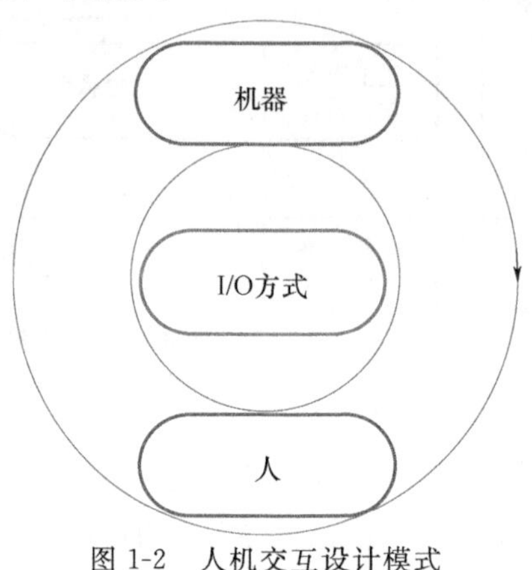

图 1-2　人机交互设计模式

1.3　电子产品概念设计

1.3.1　研究背景及意义

目前，电子信息产业结合“互联网＋”技术发展迅速，电子信息产业的全面创新，促进了多元化的电子产品发展，基于此背景的EPCD也得到了不断的开拓。

科学技术与经济社会的快速发展，以数字化、电子化、信息化、智能化为核心的电子产品已经与人们日常生活、工作以及社会活动不可分割，并与行业发展密不可分。新的时代孕育与激发了人们的一系列新理念，并随着各类新技术、新材料与新工艺的支撑，研发出了具有时代特色的新产品，满足人民群众日益增长的物质文化生活需求。

目前，在电子信息领域，新一代电子元器件(electric parts and components，electron component)已快速崛起，各行业及社会公众对电子技术与电子产品的迫切需要，也为电子元器件产业创新发展提供了机遇。同时，超高速计算机，移动通信和数字化视听产品(audio-video products)正在改变着电子元器件的外观结构与功能特征。以往的分立元器件将逐渐地被新技术赋予了新的内涵及特征；特别是超微化、模块化、智能化、多功能化特征，已在诸多产品中得以体现。同时，高频、高速、高可靠性和低功耗的绿色低碳环保型复合器件将不断诞生，极大地促进了现代 EP 的研发与产品的更新换代。

在 EP 研发过程中，需要一系列理念创新，特别是 EPCD 的理念创新至关重要。无论是心理学，还是工艺学，都对科学化的产品设计具有重要指导价值。特别是近年来发展迅速的设计心理学(design psychology)、色彩心理学(color psychology)与设计美学，促进了当代产品设计的规范化、标准化与科学化；行为心理学(behavioral psychology)与社会心理学，则直接指导设计者的设计理念与设计途径；而电子工艺学与材料工艺学等工艺学，也都对于科学设计具有重要理论指导价值；而制图学以及 CAD、VR、AR、BD、CC、INTERNET 等技术，对于 EPCD 与 R&D 过程具有重要的技术支撑作用。电子学与信息技术则是实现 EPCD 的基础。目前，“创新、协调、绿色、开放、共享”的五大发展理念被社会各界所接受，而创新理念至关重要，创新也必然成为产品 R&D 以及 D&M 领域的重要方向。低碳环保的绿色设计理念、以人为中心的人文理念、外观表现的多样化理念、功能优化的普适性理念、时尚专属的定制式理念，均是目前需要倡导的 EPCD 理念。具有了创新的理念，就具有了创新的基础，就可能创造出优秀的电子产品。

在工业化不断发展的当代社会，崇尚工业风的概念及其设计风格，在一定程度上是崇尚文化的体现。紧跟国际发展前沿，尊崇创新设计理念，探索创新设计方法，就必然会有创新产品设计出现。特别是把握交互草案设计、初步方案自动生成、方案可视 HCI 调优等阶段的差异及其联系，围绕 PD 与公众参与主体，就可能获得预期的 PD 效果。事实上，不断研究智能化 EP 数字化创新设计的基本特征，研发其数据信息检索、仿真与 CAD 等功能的系统平台，以及系统数据信息组织和知识运行机制，对于 EP 不断创新设计具有重要的理念指导与技术支撑作用。

目前，传统的基于 2D 工程图的产品设计与制造(Design and Manufacture, D&M)标准体系，已逐渐地被基于 3D 数字样机的数字化 D&M 技术所替代。在这种背景下，制定新的标准体系就自然成为产品 R&D 以及 D&M 的重要基础。每一产品都有其隶属领域，其设计要遵循行业标准、专业规范与一系列原则，设计者务必了解相关标准规范，才可能设计出符合行业及专业要求的安全、舒适、方便、有效的各类产品。为此，基于设计标准化的原则、思路和方法，全面把握数字化 D&M 标准的客观状况，结合数字样机集成技术，构建产品数字化D&M标准体系框架,就成为当代EPCD的重要组成部分。

作为中国制造的重要组成部分,基于新理念、新方法、新材料、新工艺的产品设计,以及控制理论、计算机科学、AI等信息科学领域的新进展,中国的制造技术正在进入一个全新的发展阶段。同时INTERNET的快速发展,为EPCD数据库技术系统、人工神经网络(ANN)系统以及模糊控制系统的智能操控,提供了友好平台。AI在计算机辅助工艺设计中的应用,有望能为PID提供新的途径。与此同时,将电子控制技术、信息处理技术和AI等技术,运用于各类产品的D&M与控制等方面,极大地改变着人们对于电子信息技术应用领域的认知水平,也正在拓展人们对于电子产品多样化的感知。

目前,智能汽车(intelligent vehicle,smart car)是一个全面集成了环境感知、规划决策、自主控制等功能为一体的信息化综合系统。它集成了诸多新技术,诸如AI与自动控制技术(automatic control technology)、现代传感器技术以及信息与通信技术等,是当代典型的高新技术的综合体。其各类电子产品设计,体现了综合性特征,也是当代EPCD与制造快速发展的产物。与此同时,有专家将信息融合、数据挖掘(DM)和ANN等AI技术,集成构建了印刷电路板AI故障诊断系统,具有创新特色及神奇功能的是该系统可利用小波分析技术提取故障关键特征,在此信息引导下,专业人士可以利用DM和ANN技术,快速准确地判断与识别可能的故障。目前,智能技术与网络技术也正在成为促进电子信息产业全面创新与高效发展的重要支撑技术。

设计理论的研究促进了PD模式的更新,当代诸多设计产品被冠以智能化、人性化和情感化的语意符号,而要实现其内涵功能,仍需要持续拓展设计理念与设计方法。交互设计(IaD)作为工业设计的一个独立分支,既是一种富有活力的设计理念,也是一种新的设计方法;合理运用IaD,能够有效地实现人与产品之间的情感互动,保障设计产品更加贴近用户多种需求;全面系统地认知IaD在PD中的作用,可为PD的创新提供理论指导(何泰等,2017)。

如前所述,复杂电子产品既涉及电子与控制等学科领域,也涉及计算机与软件等技术领域,相关功能部件有机联系,构成了一个统一整体。在PD过程中,概念设计又是重中之重。在复杂电子产品的研发中,情境理论中的关系理念是合理解决复杂问题的有效方法,特别是情境思维的学习以及情境化信息的运用,是创造人性化产品的有效途径。

数字化产品(DP)以其高效、多功能、智能化优势逐步拓展到人们生活的方方面面,当前的DP设计已脱离原有产品设计概念的内涵,赋予了更为符合当代理念与审美的特征。DP设计语言的具体表达方法就是具有代表性的一种有效方法；产品的多元化语义表达是语义学原理与方法在设计领域的应用，可以为人们认识和解读产品提供新的视角。目前，探索绿色环保设计方法，充分考虑资源再生周期和环境承载能力，以低碳思维指导设计，特别是系统化的设计方法，模块化、标准化设计方法，以行为为中心的设计方法，以及以节约型设计为核心的方法，对于 EPCD 的创新进程具有一定的启示意义。

在 PD 中，赋予产品一种更为理性且深刻的涵义，是设计者不断创新与把握以人为本理念的客观要求。设计者需要采取科学有效的方法全面了解客户需求，并选择拟定合适的客户需求的形式化表达方法；将需求信息映射为产品配置信息，保障产品设计的客观性与创新性。未来的产品设计具有多种特点，在一定程度上而言，应是富有准确表达个性和舒适友好型特征的设计，以及尊崇人性为目的的用户中心设计(UCD)。因此，绿色设计(GD)、虚拟设计和 UCD。在体现个性而追求差异化的背景下，设计者将创意、概念自始至终地贯穿于产品设计之中实属难能可贵。无论如何，PID 是实现产品创新的关键；而优势设计技术又是在解决 PID 的基础上，使创新产品迈向市场，引导市场理念与消费。

行为心理学是心理学的一个重要分支学科。通过对行为心理学的深入探索与系统研究，可以帮助人们了解人的心理活动以及行为特征。结合具体的产品设计，产品设计者在大量的设计活动中完善与发展了感官体验、操作体验、交互体验等体验类型，成为提升用户体验与情感抚慰的重要切入点。曾经的“以机器为本”的设计思想，不同程度地引发了一系列的社会和心理问题。因此，关注设计心理学的物人关系，探索人们的生理和心理需求，以最大限度地体现用户中心理念(UCI)的设计价值，是当代产品设计需要把握的重要方向。新时代信息技术的发展，致使产品的信息传达与物质功能之间的关系发生变化，信息与信息交互成为 PD 的关键内容之一，PD 基础更为交互，认知心理学成为理解信息及其交互作用的重要理论基础。产品语意学在产品设计中的运用，也促进了产品设计理念的发展变化；而产品设计从物质性向非物质性转移的取向，则越来越明显地打下了时代的印记。目前，产品设计者基于产品功能、使用方式和审美特征，探究设计心理学与产品设计的内在关系，并进一步指导产品设计，不失为探索产品创新的出发点。

概念设计对 PD 的最终效果有着决定性的影响。基于 PCD 内涵与过程的特点，张建明等(2003)不但探索了产品设计的过程建模与信息表达，而且还系统地研究了方案生成与方案选择等产品设计的关键问题，提出了 PCD 的关键技术，探讨了 PCD 的发展方向以及相应的实现方法和技术。罗仕鉴

等(2004)提出了基于集成化知识的PCD原理,支撑了产品协同设计(collaborative design)与网络化设计的知识基础。在PCD过程中,基于信息的复杂性与多样性,把模型的几何拓扑信息,动态设计信息以及设计过程信息有机融合,在衍生设计机制的支持下,依据设计者的理念及不同产品的构模,衍生出多样化的设计方案。

檀润华等(2002)基于发明问题解决理论(TRIZ),应对与指导PCD过程的技术问题。前面多次提到,PCD是把模糊而抽象的概念,采取合适的方法进行清晰而具体归纳和提升的过程。设计者对于概念设计中显露出来的问题,都要结合经验和具体情况进行合理设计,以满足用户的多种需求(贾今钊,2015)。

目前,大批量定制(Mass Customization,MC)的理念与模式已逐渐地被更多产品D&M领域专业人士所认同,产品配置实施对于MC的实现具有重要作用。从产品的内涵特征而言,产品配置单元之间的递归关系,是构建产品配置模板的基础,章伟华(2010)分析了产品配置要素之间的内在联系,构建了基于BP神经网络的配置单元相似匹配特征权值获取方法与产品配置设计流程。在MC模式下,实施客户参与的定制产品(Customized Products,CP)协同配置设计,使客户需求与企业计划有机结合,完成产品配置设计。MC是近年来制造业领域关注的新型生产模式,MC已经成为企业创新发展的重要思路。包志炎等(2018)在MC进化设计的原理、方法及关键技术的框架下,制定了产品适应度评价的指标体系,实现了基于产品成本估算的经济性评价。从技术的角度而言,配置设计和变型设计技术是实现MC生产的关键。张强军(2008)在产品快速配置系统中,嵌套了模块化实例推理的变型设计技术,获得了理想的设计效果。

近年来,人们对EP的需求与日俱增,极大地促进了电子信息产业的发展。随着全球化的发展,电子产品创新逐步成为竞争力的重要因素,作为电子产品创新的核心,概念设计(Conceptual Design,CD)也日益受到人们的关注。对于电子产品而言,概念设计能够帮助人们把其构想及创意全面地表达出来。概念设计对EP功能、可靠性等产品特征影响深远;与此同时,要创造出更具智能化与时代感的电子产品,就必须重视EP初期的概念设计。由于主观因素和信息的不对称性,常常导致很难在概念设计的方案中遴选出优化方案,因此,概念设计评价也就显得非常重要。

现代电子产品的设计在不断创新中被赋予了一系列的时代特征。EP的时代性,影响着产品概念设计(PCD)的生命力。事实上,概念设计的目的是为未来的电子产品生产提出方案,EPCD的意义及其在产品概念设计阶段考虑各个评价指标的重要性不言而喻。EPCD 需要用理性的逻辑思维来引导感性的形象思维，以提供问题的解决方案为最终目标。纵观 EPCD 的发展进程，在解决多因素择优的问题方面，前人运用多目标决策法，层次分析法(AHP)，主客观权重分析法等方法对多因素的因变量进行筛选。但对于 EPCD 理念及其设计的合理性、科学性、实用性、便捷性等进行评价，仍有诸多问题需要探索。

目前，信息技术和数字技术的发展日新月异，人们对 EPCD 提出了更高的要求。通过 EPCD 的复杂过程，设计出具有实用性、文化性、时尚化与人性化的电子产品，实现电子产品功能和外观上协调统一，是 EPCD 的重要目标。如何满足人们的客观需求，并不断开拓设计理念，提升概念设计水平，成为 EPCD 的重要出发点；而对 EPCD 的理念及表达模式进行研究与探索，针对影响概念设计的相关要素，开展概念设计理念的科学评价，则成为电子产品走向市场的重要环节，本研究对于丰富电子信息领域的理论研究与创新 EPCD 应用研究，均具有重要的意义。

1.3.2　设计理念的研究进展

1.3.2.1　概念设计总体发展

EPCD 是电子信息技术发展不可或缺的组成部分，国外广泛关注概念设计问题大约是在 20 世纪 80 年代(单鸿波等，2012)。从 Pahl 和 Beitz 于 20 世纪 80 年代初提出概念设计以来，对于概念设计的研究与探索已经持续了 30 多年。20 世纪 90 年代初，北欧、意大利、美国等国家和地区的电子产品设计发展迅速，并体现出了鲜明的地域特点。随后，电子产品设计在世界范围内兴起，促进了世界经济发展和社会的进步。而具有专业特色及时代特征的概念设计，也发挥着越来越大的作用。

PCD 是工业设计的重要组成部分，是产品设计进程中的初始阶段，或者说是设计构思过程；其本质是问题求解，其目标是获得产品的基本形式或基本存在状态。广义概念设计是指观察问题、发现问题、分析问题、提出问题的过程，并以研究问题、把握问题、最终实现解决问题为目的(图 1-3)。狭义概念设计强调的则是从产品需求分析开始，经过一系列环节到详细设计之前的阶段。在 PCD 过程中，由于类型的差异性，各个环节及过程往往各具特点。

人们从不同学科或者不同角度对 PCD 有多种阐述，但一般认为，PCD 是以设计要求为出发点，获得满意方案为目标的“设计-分析-再设计”的过程。或者说，通过 PCD 人们可以获得对设计问题的概要性解决思路，提出实现主要产品功能的手段以及产品重要组件的相关关系。广义概念设计反映的是产品生命周期(PLC)各个阶段的要求,以及在相关阶段所开展的需求分析、功能构思、初步结构预想和各环节协调性的概念设计管理(邹慧君等,2004);PCD的本质及过程与其设计内容密切相关(杨艳华等,2010;孙守迁等,2003)。PCD是设计过程中产生创造性的阶段。PCD是围绕设计任务,拟定功能结构,寻找作用原理,确定求解途径,获得设计方案的工作。在此基础上,强调PCD是由分析用户需求到逐步生成概念产品的一系列活动,其主要特点可概括为由抽象到具体的不断深化过程。Allen Hubert在《Conceptual Design》著作中认为,PCD以用户需求为出发点,在综合考虑各种设计约束的条件下,求解产品方案的映射过程。或者说PCD是依据任务要求产生设计概念,并将抽象的功能转化为具体结构的设计过程(张国全等,2005)。PCD过程是一个既复杂,又具有创造性与不确定性的设计推理过程,它表现为一系列的问题求解活动。或者可以把PCD理解为分析用户需求到生成概念产品的过程(叶志刚等,2003;黄旗明等,2000)。PCD的最终目标是选择最满意的设计方案,然后在详细设计阶段进一步拓展开发。广义概念设计的相关内涵如图1-4所示。

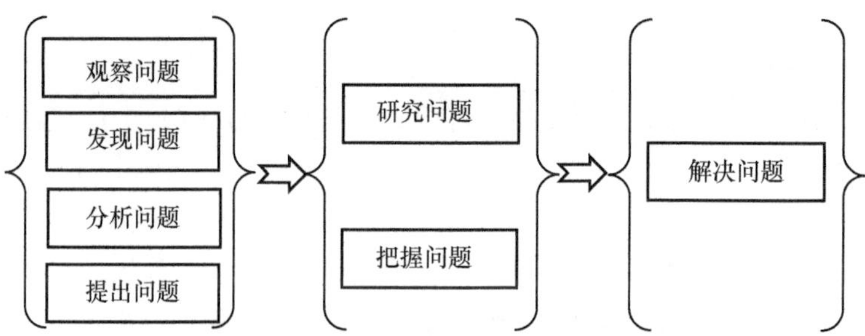

图1-3 广义概念设计的一般内涵模式

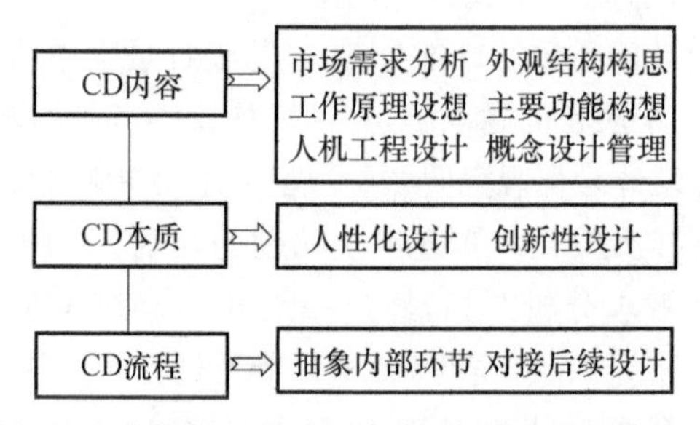

图1-4 广义概念设计的内容、本质及流程的关系

PCD对象千差万别,设计思路及其过程也就有所差异。EP是含有电子元器件形成的电路板等相关电子电路的产品。而EPCD是一个多领域协同

的过程，也是电子产品创新的关键阶段，需要机械、电子、材料、控制和软件等不同学科与专业对设计过程和数据模型的共同协作（陈曦等，2006）。EPCD的直接结果是获得面向未来市场的概念产品，应充分反映科技前沿和未来的理念与消费需求。如前所述，概念设计是产品设计过程中由现象到本质的过程，也是产品创新思维形成的关键阶段。

目前，EP形象研究已在欧美，如INTEL、NOKIA、APPLE等企业中得到广泛重视，形成了各自特色及影响力。目前，概念产品设计在观念、内容、方法上都发生了一定的变化，用户越来越注重产品的情感和体验特征，由此也面临着更多产品语意认知和理解的问题。在欧美等国家，对产品情感化设计（emotional design）理论的研究已有一定的成果，创建具有中国特色的品牌设计语言和品牌情感设计理念，将成为我国EPCD的重要方向。

近年来，针对EPCD问题，国内开展了一系列的研发工作。许多专家在不断探索社会经济多元化背景下EPCD发展态势，理论方法与研究内容等问题，同时，也探索在EPCD过程中，综合考虑电子产品功能性、经济性、环境友好性的方案生成方法。无论是创新性设计，还是改良性设计，EPCD的理念始终是支撑产品创新的核心与基础。在EPCD理论分析中，运用造型语义和色彩语义的原理，将设计元素与产品形象设计相结合（熊湘晖，2005），实现概念设计的合理表达。

产品设计为了适应环境和人性化的发展要求而不断地创新。用户对产品的需求不再限于外观与功能，而对情感及个性的需求日趋成为关注焦点（Song et al.，2013）。EPCD是决定产品基本特征和设计方案的关键阶段，准确地获取客户需求，生成符合客户偏好的EPCD方案，是提升客户对电子产品满意度的关键。在EPCD过程中倡导以用户为中心的设计（UCD）理念，设计者整体把握用户的互动关系、沟通方式与兴趣点，以及产品形态功能的互动效应。以用户识别及其需求管理为基础，研究EPCD方案生成方法，对于提高用户满意度，增强市场竞争能力具有重要的现实意义。随着物联网（IOT）与云计算等新技术的应用，EP设计也向多学科、多理论和多方法的方向发展。同时，EPCD需要提供更多人性化设计，减少电子产品的更新换代，提倡绿色低碳环保的设计理念。另外，EPCD理念也应关注用户在使用产品时的体验感受，给人们提供特殊环境使用的可能性。作为设计者，应通过对造型、色彩、结构合理的设计，满足人们的多元化需求。张沛和李义（2014）提出了人际互动情感化设计的新理念，建立了设计开发流程及研究方法；提出UCD的观念，发掘产品的内涵，从一个全新的角度来导向设计。基于造型、色彩、材质等设计要素，应用多尺度分析和聚类分析，探索代表性产品选择方法，产品形态解构方法以及语义差异法(SD法)(屈庆星,2014),构建产品情感意象与设计要素提取技术体系。总之,概念设计是在大量的思考和创造活动后,凭借综合训练、技术条件、工艺手段、视觉体验及心理感受,给概念产品的材料、结构、形态(胡雨霞等,2016;Ruth et al.,2012;刘曦泽等,2012)、色彩、加工、装饰等方面赋予新的内容,使产品具有创新特征的过程。

目前,对于产品创新提到了重要的地位,只有不断进行设计创新,才可能设计与制造出符合大众新时代需求的新产品。图1-5反映了创新设计理念的重要内涵特点。

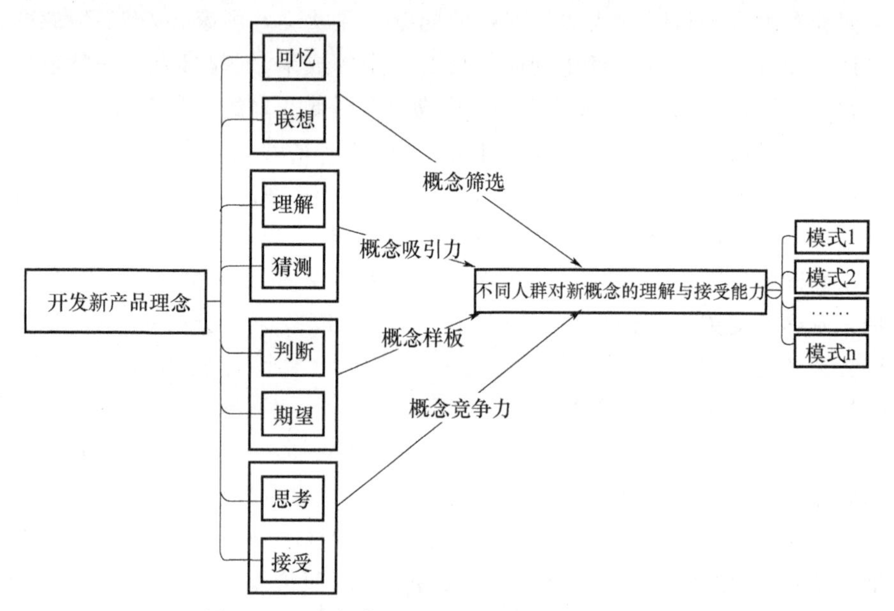

图1-5 开发新产品理念背景下的概念形成过程

技术的进步使得传统电子产品的设计理念已经难以满足人们多元化的需求,探索具有理念创新性、技术先进性以及功能实用性的EPCD方法及模式,是目前EPCD的重要研究方向。目前,EPCD作为一种产品创新的基础,推动着人们生存环境的发展。总之,从20世纪80年代中期起,EPCD各种设计理念不断发展与创新,至今已成为EPCD领域的研究热点。

1.3.2.2 心理学理念进展

产品是人类社会生活与工作的必需品,设计者在完成一个个产品设计时,直接或间接地受到人的心理与情感的影响;人们在研发产品的过程中,已经在设计心理学、行为心理学,以及设计美学与工程材料学理论的指导下,创造了丰富多彩的物质产品,成为进一步向前发展的重要基础。

产品设计需要诸多学科理念与技术的支撑。每一门学科都有特定的内涵特征与研究领域，作为指导产品设计的重要学科之一的设计心理学，其重点是研究设计领域所涉及的各种心理学问题。具体而言，设计心理学的核心是以心理学的原理和方法，围绕产品设计中的复杂问题，重点探究其中人的因素，保障设计科学高效地服务于广大消费者的需求（王昆，2012）。格式塔心理学在设计领域的应用，使以人为本的理念得到了极大的体现，使设计者与用户需求产生良好的心理融合，以更好地满足用户审美需求（陈慧等，2011；彭心勤，2012），也力图给产品设计创新带来新视角。

从另一角度而言，设计心理学是通过设计过程，来激发人们的心理状态或潜在意识的一门理论学科。一般而言，它以心理学为基础，研究设计中的心理现象以及心理学与设计的关系等问题；重点关注设计对社会及社会个体所产生的心理反应及其反馈作用；其目的或效果使人们接受心理暗示，产生对特定设计的认同感。人的根本需求可归结为安全、温暖、博爱等方面，回归人本的设计语言是属于全人类共同的生命经验。符合人的情感需要的人本设计，能够抚慰使用者的心灵，并使其获得愉悦的真实体验。UCD 更强调人的细微情感和更深层次的心理需求；设计心理学是其重要的理论支撑。随着产品设计的多样化与复杂化，PD 通过产品本身表达设计的单一形式已不能满足设计展示的需求（白雪，2015）。这时就需要基于设计心理学的 UCD 理念，运用 UI 设计的界面互动，全面表现产品的结构功能、文化情感、设计思路，引导更多的公众了解与接受新产品。因此，在设计心理学理念指导下，围绕新产品研发需求，开展人本设计，对于丰富 PD 领域的研发具有重要启示意义。

在空间导向设计的方位映射理念指导下，廖宏勇（2014）把认知心理与视觉计算的理论与方法相结合，提出了多维度的空间导向设计思路。设计对象类型多样，设计者只有运用心理学知识提取能够触动受众心灵的符号，从布局、造型、色彩等角度，全面分析设计中的心理学应用问题，才可能设计出具有个性表现特征的产品。利用设计要素的耦合关系，以抽象的设计要素表现出受众某种心理状态。而环境心理学中所关注的环境与人相互影响及其反馈关系，为设计提供了多方面的参考依据。

设计心理学从物人关系的角度出发，满足用户的生理和心理需求，体现了 UCD 的设计价值观念。将有意识的思维融入设计过程，以此方式实现设计的无意识使用，这是一种被推崇的无意识设计（unconsciousness design）理念。针对产品功能、审美及使用方式等核心内容，宗威等（2011）系统地分析了设计心理学对 PD 的启示价值与指导作用。在产品设计关注人的意识，关注用户的情感，重视人机交互(HMI，HCI)环境，在满足需求的基础上力求简洁，给消费者带来愉悦的新产品体验。把“无意识设计”理论融入PD之中，揭示其蕴含的深刻人文内涵(徐乐等，2015)，是创新设计的重要方向。

随着产品功能的多样化与研发技术的现代化发展，侧重于工程与外观设计的设计思路已经不能够适应大众用户的认知和心理需求。IaD的出现，使得其在PD中具有必不可少的地位与作用。在知识经济与网络信息时代，人们对产品的认知方式已不再局限于产品的使用功能价值层面，情感价值成为产品的重要特征及内涵体现。从人的心理需求出发，蔡志林(2011)探索产品形态、色彩及材料对人感官刺激的反应特征，分析感官在IaD中的作用，并进一步揭示对人的情感体验在IaD中的影响。设计的目的是满足公众客观需求与解决现实问题，采取科学的方法满足用户更好的体验，是设计者受众需要努力的方向。用户对产品的体验与感受有赖于心理学的基础，该过程在创新设计中发挥着至关重要的作用。基于设计心理学和IaD理念，高小杰等(2017)强调理想的设计务必要满足用户基本实用性与心理客观需求，而探索与制定实现设计心理学IaD的原则和方法，也对于实现设计的目的具有关键性作用。王家民等(2014)梳理了字体、色彩、图形及造型的视觉要素，探索了EP中运用视觉语言的易识别性的特征，丰富了心理学的视觉认知原理。尽管设计的重要性不言而喻，但需要指出的是，设计的目的不仅是创造产品，而且需要设计者把自己的理念融入产品中，通过设计者的创新设计倡导人们追求真善美的热情(童可，2014)。目前，无处不在的Internet(互联网)的发展与技术创新，已经孕育出了Internet产品设计，正在改变人们的生活方式与工作模式。

周鼎(2009)主要依靠认知心理学、产品语义学等学科原理与方法，开展了产品识别设计规律的分析及其设计研究，解决了产品识别中的个体效应(individual effect)与群体效应(population effect，group effect)。公众对个体效应的感知规律主要体现在视觉生理上的本能反应和社会心理上的综合反应。设计者必须了解了这种感知规律，才可能认同个体效应的设计规律，并运用各种设计技法设计出符合特定感知规律的产品。公众在视觉心理和社会心理方面的表现特点，是群体效应的客观反映。设计者科学认知了这种感知规律，才可能借鉴相关设计元素，全面地表达其设计规律。只有当两种设计效应被消费者清晰的感知，品牌的产品识别设计战略才得以实现。

在现代商业模式中，品牌的作用尤为重要。因此，品牌形象和企业的发展密切相关，而品牌形象的塑造又离不开视觉传达设计(Visual Communication Design,VCD)。但是,在 VCD 快速发展的多元化背景下,当前中国很多企业的品牌形象设计还需要突破性提升。刘心(2015)就 VCD 与品牌形象有效整合的相关问题,进行了分析,特别是凝练了 VCD 对品牌形象的整合作用,探究了 VCD 与品牌形象的有效整合的途径。绿色设计理念(GDI)指导下的设计是改善环境的重要方式,潘玉艳等(2017)基于 GDI 定义,对 GDI 在设计中的功能以及设计原则进行分析,同时,将绿 GDI 在设计中的实现方式进行了凝练与提升。

1.3.2.3 多元化理念进展

设计既涉及理论问题,又包含着技术问题。多学科之间的交叉与融合,促使了设计的多元化发展。多元化既是指导设计的理念,亦体现了设计的效果,也是现代设计的重要方向。在多元化设计中,人们往往追求设计的千变万化以及与同类产品的差异性,这是 PD 设计的重要特征。但一味地追求标新立异的设计而忽视其功能与人性化等特征,亦具有一定的局限性。虽然多样化是人们追求的目标,但尊崇多元化设计理念所必须考量的设计的多要素、多结构、多外观、多功能等特征,才可能设计出具有市场前景与用户需求的各类产品。

在 EP 的结构设计中需要从各个方面入手,综合结构设计的有关因素,如生产和维修因素,零件材料因素,性能实现因素,用户使用因素,寿命因素等,结合 EPCD 方面的经验,针对电子产品结构设计中的具体问题,还需要进行具体分析。在产品外观设计环节,设计者灵活运用复合性设计元素,约定俗成的视觉符号以及文化历史要素,对设计产品进行修饰;在造型要素选取环节,设计者从点、线、面、色彩和肌理的角度,全面地研究产品造型的特点,并科学地运用于产品构型设计;同时,设计者运用语义差异法,实现了建构产品造型的误差检验(刘迎蒸,2004)。

针对产品设计中普适性、便捷性与高效性等问题,孙聪(2014)提出了通用设计及其一般原则,指出了通用设计在产品设计中的地位与作用。戴莉(2017)剖析了结构设计中的理论设计与概念设计两种多元化设计的理念,凝练出了各自的主要特点。前者是设计者根据计算理论和规范开展结构设计;后者则是设计者通过自身的知识背景和设计经验,凝练出来的具有基础性、整体性和关键性的设计原则和方法。通过 PCD 的实施过程,能够使设计者从宏观上明确结构设计的关键问题,特别是在初步设计时把握产品的概念性总体方案,体现概念设计的整体性,合理性与科学性。杨静(2017)针对目前 PCD 中 PID 存在的问题,提出了基于 AHP-TRIZ 理论的 PCD 创新模型。应用 TRIZ 的通用工程参数描述技术,解决了造型设计、功能设计、特色设计方面的技术问题，体现了多元化设计理念及诸多设计的新理念。陆亮等(2003)把产品几何特征梳理为总体特征与布局特征、形状特征和人机特征，进一步研发了产品布局设计技术及人机工程设计技术，在此基础上，实现了 CACD 的相关功能；同时，也对所提出的理论、方法、技术和系统进行了分析与验证。结合企业实际需要，陈旭玲(2011)针对机电产品(Mechanical and Electrical Products，MEP)的概念设计问题，研发了多个创新性的设计方案。

多元化理念，强调考虑设计要素的多元化、产品结构的多元化、产品功能的多元化、使用对象的多元化以及产品寿命的多元化等，与产品由设计到使用诸多方面所表现出来的单一性形成明显对比，有时也与普适性、复杂性等有一定的联系。赵燕伟(2005)在可拓学理论指导下，针对 PCD 的功能、原理、布局、形状、结构等设计知识，建立定性与定量相结合的可拓知识表达模型；形成智能化 EPCD 可拓知识表达方法，为 EPCD 的多样化、模型化和智能化提供了有效模式及途径。

多元化设计理念需要全面把握设计领域 PD 的客观状况，以及设计产品的性能预期等重要特征，分析影响相关特征的设计要素及其表现方式，并凝练提升设计思想，展现符合大众理念的不同设计效果。

1.3.2.4 美学理念进展

设计美学原理是衡量设计产品是否符合大众审美观念的重要理论，这是基于美学理念能够帮助人们更好地设计产品或欣赏产品。在美学理念中，发掘人文精神并融合于视觉设计中，彰显了视觉的和谐美；设计语言和视觉语言的融合，进一步突出与展现了视觉设计的文化内涵，使视觉设计传达文化信息，营造人性情怀。

无论是产品内部结构设计，还是外表装饰设计，都需要把美学理念融合其中，这方面的案例不少。目前，电脑游戏产品已成为影响当代年轻人审美心理和认知的普通产品，涉及一系列复杂的要素与机制。刘迎蒸(2004)研究了产品形态设计的方法论，特别是针对信息时代人们对美追求与表达以及美传播的方式及特点，深入挖掘设计美学的内涵特征，引导大众审美。现代人的观念和心理随着文化与科技的变化正在发生着深刻变化，人们的审美观念亦发生了一系列变化，并处于不断的变化之中。加之生活节奏快，工作压力大，电脑游戏的虚拟性等特征恰好迎合了这种需要。在这种参与电脑游戏的行为过程中，电脑游戏也直接影响了人的心理和行为方式。基于此，在快速发展的当代社会及电子信息技术日新月异的背景下，人们已经感悟到电脑游戏在一定程度上直接引导了现代人审美心理，并对消费者构成了不同的审美影响。设计者应该注意不同产品形态给不同人群的视觉感受与审美心理的影响。

设计美学不但强调造型美与结构美，而且还提倡色彩美与韵律美等美学特征，其内涵十分丰富。美学理念体现在产品设计的方方面面。PD的外形、结构、纹理、色彩与消费者心理之间具有复杂的内在联系，设计得当可能是体现美学价值的重要方式；设计不得当则可能造成视觉负效应，激发人的负面情绪，达不到产品设计的预期效果。注重消费者的审美需求与视觉需求，特别是注重消费者的情感需求成为设计者需要关注的重要问题。外形与色彩作为外观设计的基本因素，能够给使用者带来直观的视觉信息，易于激发使用者对产品的认同感。设计过程中，设计者如何灵活地将美学及色彩心理学知识与消费者心理有机地结合为一体，这是一个极其复杂而富有价值的问题，需要不断地探究和实践。如前所述，美学理念具有多样性及多元化的特点。在各类EP的设计中，如何体现现代意义上人们对“薄”的审美及使用要求，也是美学价值或者大众审美的重要取向，也是一个富含美学内涵的创新概念。以现代设计理念和方法赋予EP一种独特的技术美、简约美和时代美，是产品设计中追求“薄”目标及需求的美学特征。产品以“薄”为特征的设计理念，通过特定产品蕴含的美学效应和文化内涵，以及所展示的消费心理与审美观念，引导与启发公众的审美取向。目前产品以“薄”为特征的设计能够被公众所接受，是情感化设计支撑的重要结果（苏晓梅，2008），也是大众审美与设计美学的重要发展趋势。

总之，设计审美活动具有普遍意义，它脱离不了社会意识的潜在影响，同时，又直接或间接地改善和创造着社会意识。在复杂的设计审美过程中，设计者应当集中展现社会和群体的审美要求，并通过简洁的表现方式，引导、强化与重构人们的审美观念和心理意向。现实当中，设计审美的重要特点在于通过公众的信息反馈能够帮助设计者和使用者正确把握设计产品的思想内涵、审美价值和社会意义，在此基础上，能够挖掘出设计者所不曾意识到的深刻意境。

1.3.2.5 智能化理念进展

现代电子产品具有一系列特征，而智能化则是突出的特征之一。在当代创新设计理念、AI技术、网络技术、BD技术等支撑下，产品的智能设计得到了空前的重视与快速的发展，在一定程度上，也体现了设计者追求的一种理想境界。把当代智能化科技创新成果淋漓尽致地体现在产品设计中，是反映智能化设计理念的重要途径，而智能化设计离不开智能化系统的研发与建设。具体而言，智能化系统综合性地体现了多种现代先进技术的融合，特别是体现了网络技术、通信技术与信息技术在特定方面应用的智能化集合。随着相关领域技术的不断发展，智能化的理念与模式已渗透到了人们工作与生活中的诸多方面，并冲击与改变着人们的思想，成为现代 EPCD 的重要发展趋势。

如前所述，EPCD 是贯通抽象与具体的关键环节，具有明显的复杂性、经验性与模糊性。在概念设计阶段，设计者更多地是依赖自身的设计经验进行产品设计，还很难借助于可靠的计算机软件的辅助。随着产品模块化、标准化的不断推进，将标准化的可量化信息和设计者的经验信息有机结合起来，成为智能化 EP 迫切需要解决的问题。在这种背景下，研发具有智能特征的 CACD，具有一定的必要性与迫切性。唐林等(2000)通过 I/O 构件的运动形式、轴线、方向和速率等属性值进行分析，系统地认识了机构功能的计算机识别方式，凝练成为自动化概念设计(Automated Concept Design, ACD)中计算机推理的依据。功能质量反映机构的工作特性，在 ACD 中作为决策的重要依据。这种表达方式符合人类设计思维，突破了机械产品 ACD 中，机构功能难以识别的困境。

随着产品复杂性的不断增加，传统的设计方法有时难以适应设计要求，智能型设计被人们所关注。智能设计不但包含了概念设计与结构设计，而且也包括了评价与决策等过程的推理型设计；在产品 R&D 中，还需要建立设计产品的信息模型，以支撑与保障相关设计环节的实现。成经平(2001)运用 VB 语言及 Access 数据库作为机构知识库的基本载体，通过智能性的功能研发，使其具有 CACD 系统开展机构选型推理的能力。智能化理念的设计核心是对产品概念的凝练与挖掘，更重要的是在此基础上，应用 AI 与信息技术等，实现设计的过程，达到设计目的。对于一个支持创新设计的智能系统而言，最为关键的是要能够提供合理而有效的机制，并基于多种知识信息、技术方法和设计经验，在产品设计中适时适度地给出信息提示。由于创新是人类的思维状态，所以系统自动完成、自主设计目前仍具有一定难度。随着 AI 的快速发展，有望在 EPD 中体现其效用。目前，对于智能问题求解模式的研究，已经逐渐地侧重于混合协作的、面向对象的问题求解模式等热点方向，特别是分布式 AI 逐步成为研究重点，有望在设计不断深化。

从另外的角度而言，当代设计更注重产品的简约性与易用性，产品在不经过使用者大量学习的背景下，就可以达到不同的使用目的；体现了设计者的智慧与产品的智能特性。智能化是当代 EP 发展的主旨方向。

1.3.2.6 绿色设计理念进展

随着低碳环保与生态文明建设的大力推进，一种创新的可持续设计理念，被产品设计者、使用者与管理者所推崇。为此，研究EP的GDI、开发环保材料，具有必要性与迫切性。

绿色设计理念是可持续设计理念更加侧重低碳环保方面的体现，PD注重环境问题约束并改变着传统的设计理念与生产方式，也是低碳绿色发展的需要。目前，人们已经认识到只有实行基于GDI的可持续发展，才能从根本上解决制造业中的环境问题。PCD阶段若有所瑕疵，详细设计阶段则难以调整。因此，绿色产品概念设计(GPCD)对产品的绿色性能具有决定性的影响。在GPCD理念启示下，郭伟祥(2005)一方面提出了绿色概念产品信息模型，另一方面提出了产品需求分析方法，全面地实现了GPCD方案流程与评价过程。GPCD信息模型不仅包括了传统PCD信息模型包含的基本功能和结构信息，还包括了面向PCL的环境性能描述。王翼飞(2011)提出EP基于PLC的可持续设计理念，同时，系统地梳理了绿色环保材料在EPD中的应用，针对EP行业可持续设计的材料门类和应用范围，提出EP可持续设计的材料使用及开发原则，凝练出EP可持续设计的发展趋势。基于LCA技术，辛兰兰(2012)研究了MEP的绿色设计方法。其一，在分析绿色设计内涵的基础上，建立了针对MEP方案设计阶段的GD模型。值得提及的是，对产品设计信息进行全面的挖掘，以绿色特征化建模的方式将PD的相关信息转化为绿色特征值；并以FAHP分析了基于GDI进行产品设计方案决策的方法。郭伟祥(2005)在绿色产品生命周期信息需求分析的基础上，探索了GPCD对象的表达模式，基于设计对象界定了GPCD复合信息模型结构。在相关绿色环境理念及产品功能准则的约束下，郭伟祥(2005)通过绿色产品功能建模生成了绿色产品的基本功能结构，在此基础上所开展的绿色设计评价至关重要，对完善与提升绿色设计方案具有重要作用。

陈晨等(2017)基于构建的废弃物处理机的黑箱模型和FAST功能树，构建了PCD的新方案；并在合理分析方案涉及的产品功能、产品结构及人机关系特征的基础上，核实了FAST方法在产品R&D与R&M中的合理性，也为PCD提供了全过程模型。机电一体化设计(mechatronics design)是一种具有综合性、复杂性与先进性的产品设计理念及领域，体现了产品智能化、信息化等诸多方面的优越性。孙荣创(2017)在该理念的指导下，针对机电控制系统、自动化控制技术以及一体化设计方法，进行了较为系统的探索剖析，对于保障产品性能发挥了重要作用。

生命周期评价技术(Life Cycle Assessment，LCA)，在绿色D&M技术领域发挥着重要作用。现有的LCA方法，一般是针对特定产品进行数据采集，建立评价模型，并开展EIA；缺少对一般设计信息的利用和对潜在设计

信息的挖掘，无法适用于方案设计阶段。方案设计作为PD的重要阶段，是PD能否成功的关键，如何在方案设计阶段对PCL环境和资源属性做出合理评价，是GD能否成功的关键。通过LCA能够将产品所造成的环境影响追溯到PLC的相应阶段，并能够对其关联程度进行量化和排序。

1.3.3 设计方法与评价进展

1.3.3.1 EPCD的方法创新

实现EPCD所涉及的关键技术，除了一般工作流程包含的综合分析技术和评价技术外，还包括过程建模、信息表达和系统开发等环节的诸多技术(张建明等，2003)。概念设计在相关创新理念的指导下，结合技术的不断进步，亦实现了一系列的方法创新。

当今社会新技术层出不穷，直接促进了EPCD的方法创新。大数据(Big Data)是难以用常规方法及工具对其进行感知、获取、管理、处理和服务的数据集合(王元卓等，2013；Gandomi et al.，2015)。在大数据背景下，各类信息及其形成的大数据在EPCD过程中发挥着重要作用。大数据时代EP交互设计能够提升EP的用户体验，并可能提供更加智能化与人性化的交互设计服务。基于大数据技术的EP交互设计，更容易实现从技术驱动型向用户驱动型的转变(李屹，2016)，有利于从自动化发展到智能化、实现绿色环保理念下的电子产品概念设计。

在国际范围内，对电子类产品的研发一直包含着方法的创新性。在技术创新的背景下，产品设计与语意的关联以及产品语意的合理表达，逐渐成为设计领域研究的热点方向。针对3C(Computer，Communication及Consumer electronics)融合与创新的特点，韩轲(2012)基于工业设计及符号学原理，探索3C产品形态语意传达的模型方法。

研究PCD中的用户识别及需求管理方法，提升用户对PCD方案满意程度，建立面向用户的PCD过程至关重要(萨日娜和张树有，2013)。在考虑客户对产品属性偏好的基础上，研究基于用户聚类分析的PCD方案评价方法。基于概念设计内涵和本质特点，Liu等(2014)分析了常用的推理技术及特点，提出了推理技术的重点研发方向。

随着电子产品的日益普及，对安全设计提出了更高的要求。随着EPCD理念的发展和技术的更新换代，更多的材料和工艺，为安全设计提供了新思路。Kevin与Kristin(2011)采用分层设计思路，应用新技术，从不同的层面考虑设计的可靠性问题，力图为用户提供更多的安全功能。在电子产品的设计中除了功能上达到要求之外，才可能实现优化设计方案。张杰(2008)

通过分析影响产品设计的思维，寻找创新设计方法，结合 EP 特点，通过系统分析对创新设计方法进行优化。

在设计工作中使用感性工学的方法，苏建宁等(2004)将用户的感性期望合理地转化为设计要素，可直接应用于产品的寻优研究，并提出了尺寸标注与特征线分析相结合的方法，解决造型优化问题，还研究了网络环境下复杂产品概念设计的技术问题，提出了基于信息传输及反馈技术的产品设计途径。

上述方法探索，对于目前 EPCD 方法学研究及应用，具有重要借鉴价值。

1.3.3.2　EPCD 的评价进展

概念设计阶段，通常产生诸多设计方案，各种方案是否满足或者符合大众需求及相关理念的特定要求，需要进行设计的评价。概念设计的评价是对预设的多种方案进行综合分析与科学比较，并遴选概念设计优化方案的过程。在该过程中，概念设计评价指标体系的构建以及评价方法研究，是其关键与核心。在概念设计的过程中需要考虑到很多的因素，基于电子产品特有的评价指标进行定量分析，是判别 EPCD 合理性及科学性等特征的重要依据，有利于用户在选择电子产品的过程中更加标准化与择优化。在 EPCD 阶段，其目标是通过对诸多设计元素的应用，表达人类构思阶段的推理思维及幻想思维(Geng et al. ,2010)。

电子产品(如可拍照手机、数码相机、掌上游戏机、笔记本电脑、可移动存储设备等)能够满足人们的多种需求。EPCD 方案生成及评价方法的研究，对提高产品的设计质量及降低设计成本具有重要作用，而且进一步丰富了 EPCD 相关领域的研究内容。如前所述，概念设计处于产品设计的初期，其核心目的是提供产品设计初步方案。由于概念设计的应用领域广泛，其拓展空间潜力巨大。国内外很多学者针对概念设计的研究方向问题，探讨了概念设计理论与设计方法，概念设计模型表达、推理技术等问题。随着人们对相关问题的深入探索，将有利于概念设计理念、方法、评价及应用的不断进展。

设计评价是择优与决策的必经途径，也是影响产品效果的重要环节，因此，通过合理有效的设计评价，指导产品设计的科学定位，成为电子产品升级换代与持续稳定发展的前提。现有研究理论和实践应用证明，造型艺术、技术水平和经济条件(ATE)都是决定 EPCD 的重要因素。基于设计相关的学科原理，运用归纳、演绎、比较等多种研究方法，把定性与定量的分析有机结合起来，重点梳理产品造型设计评价的基本要素，构建产品造型设计的 3D

评价模型、指标、方法以及流程管模式(王敏,2013),极大地提升了概念设计的综合效果。

概念设计方案评价中需要同时考虑多个评价指标,EPCD很多决策问题往往需要在不同约束条件下而确定,就是属于多目标优化问题。在对具体的EPCD进行多目标优化评价时,往往针对多个目标函数及相同的决策变量,进行定量化的计算与分析。产品设计的质量评价结果有赖于质量评价指标体系,即评价方法、评价矩阵和权重(邓军等,2009)。目前的评价方法包括AHP、Fuzzy评价法、基于粗集理论的评价法、基于空间映射的评价法等。在EPCD评价过程中,可采用主观赋权法、客观赋权法等赋权方法,解决评价要素的权重问题。目前的评价应用中,主要根据经验而采用主观赋权法确定权重和评价矩阵系数,对于其不确定性或偏好的考虑还不多。目前,设计与心理学的联系越来越紧密。从感官评价而言,能够满足用户需求与偏好的产品必然拥有众多的用户(Thompson et al.,2003;Sandra et al.,2002)。祝莹(2005)运用语义差异分析(SD)法评估用户偏好对设计过程的影响。基于熵权的模糊层次分析法(FAHP),Wang et al.(1996)利用熵权来描述权重的不确定性。在新的技术背景下,苏甜(2015)对商业空间的体验设计所包含的设计流程和体验层次进行了分析,并对商业空间的设计动力因素以及应采取的原则进行分析,系统地对体验性设计所内含的基本要素、体验层次以及设计流程进行凝练,对其个性化空间体验主题加以识别,基于空间体验的不同层次提出了科学而有效的设计方法,达到对用户感官、情感、关联这方面的体验形成强化。

产品语义学(product semantics)是产品进入电子化时代后提出的一个新的概念。20世纪初期Krippendorff指出,产品语义学是一门研究造型的象征意义,以及如何应用在工业设计上的学问。随着人们对电子产品精神功能需求的不断提高,不同程度地给EPCD提出了新的要求。刘瑗(2003)及方辉(2009)等分析了产品语义的生成及认知问题。在EPCD中,设计者通过产品形态的意指、表现和传达等手法赋予产品的语义信息及其生成的过程(刘瑗,2003;方辉等,2009)。基于客户聚类分析的评价方法(杨涛等,2015),构建评价准则及方案评价排序,实现各用户聚类所对应的最优PCD方案的评价决策。

概念设计评价是概念设计过程推理的重要步骤,基于产品IDI的方法,建立以模糊理论为基础的综合评价体系,确定概念设计方案能否最终被认同。与此同时,专家评分法、模糊综合评价法、FAHP等(赵宏等,2005;韩晓建和邓家褆,2000;Diyar et al.,2010;刘英平等,2007)作为有效的评价方法,在 EPCD 评价中同样发挥着重要作用。利用 FAHP 法评价复杂系统其评价结果具有一定的可靠性，但一些计算还过于复杂。而基于模糊数的模糊层次分析法(FFAHP)(周凯波和黄进，2003)，比 FAHP 方法计算过程简单。同时，对产品外观进行设计，塑造出具有品牌个性的产品视觉形象也是 EPCD 评价的重要内容。陈曦(2015)构建了品牌个性维度量表，用来量化用户对产品视觉形象的认知。基于 PCD 多目标评价与决策的特征，建立 PCD 的模糊综合决策模型，并应用于产品设计方案的评价中(徐建成和刘娟，2010)。

EPCD 评价是决定概念设计方案能否最终被接受的关键环节。在本研究中主要应用了 AHP 的理论分析方法对 EPCD 进行评价。上述评价思路及途径，对于 EPCD 效应的综合评价具有一定的启示意义。

1.3.4 未来研究的趋势

电子信息技术促进了 EPCD 理论与应用的发展，同时又促进了电子信息产业的不断发展。EPCD 是设计者的经验、智慧和创造性在设计过程的综合性表现，未来 EPCD 及其评价研究，将在设计理念、设计方法、评价途径、产品多样性及其适用性等方面，有一系列创新性的发展。

从产品概念设计的角度看，随着 CAD、VR、AI、Internet、多媒体技术、数据融合技术的进一步发展(Michelle et al.，2001；肖韶荣等，2013)，人们对概念设计过程的认识会更加深刻，对概念设计的探索也会达到一个更高层次。模型化及专用工具是 EPCD 关键技术；设计领域创新技术研究是实现 EPCD 的重要途径，也是提升电子设计自动化(EDA)的重要途径(牛占文等，2000)。未来的计算机辅助概念设计(CACD)在人机交互理想模式的引导下，将为概念设计提供更为有效的技术支撑；同时，概念设计的方案也更加富有创新性。

1.3.4.1 设计理念的不断创新是 EPCD 的基础

基础理论研究始终是指导 EPCD 的重要基础。基于多学科原理，从概念设计对象特征出发，研究其对概念设计过程的影响，探索更符合创新设计理念与现代设计方法的概念设计途径，是 EPCD 的长期任务。

目前，产品创新设计领域的理论研究还在探索之中。随着人们生活理念的变化，电子产品的功能和造型已不再是用户决定购买意愿的最主要因素，而产品的创新性、宜人性等因素越来越受到人们的重视。语义学、符号学、心理学、工艺学、制图学等原理背景下的理念创新，是 EPCD 的重要基础及前提，在 EPCD 理论研究有所突破的基础上，有望提高电子产品的概念设

计水平。

1.3.4.2 规范化与标准化是 EPCD 的重要方向

EPCD 必须遵循相关的规范。外观设计的体系化研究对于系统理解并适用外观设计法律规则至关重要。体系化分析的基础是概念及规则，而对概念及规则的理解核心则在于其价值取向。外观设计法律制度中的各项规则（如新颖性、创造性、登记制度等）无不体现了该价值取向。而对于概念设计而言，应具有确定性、可视性、功能性、可复制性，均需要规范与标准予以衡量。概念设计权利范围的确定应与新颖性及单一比对的创造性标准相一致。

1.3.4.3 多模式评价是 EPCD 科学发展的保证

随着科学设计理念及方法的应用，人们在 EPCD 的评价中亦逐步地科学化。目前人们探索的 AHP 评价方法、统计调查评价方法、感官评价方法，将不断地得到深化；更能体现 EPCD 理念、工艺、材料、结构与功能的评价方法及模式，特别是多模式评价体系的构建以及评价，将在实践中得以探索，促进 EPCD 评价的科学发展；最终为设计者设计出具有一系列特点的电子产品，提供综合性支撑及技术服务。

第 2 章　EPCD 的心理学理论基础

2.1　设计心理学原理

2.1.1　设计心理学的一般特点

前面已经提到设计是人们为了实现某种特定目的，运用人的主观能动性所开展的创造性活动，它是人们对特定目标的设想、运筹、计划与预算的集成与综合。在设计过程中，始终不能缺少不同个体及群体的心理意识与心理反应，设计心理学（design psychology）在其中发挥着举足轻重的作用；它是把人们的心理状态，特别是人们对于需求的心理通过意识作用于设计的一门学问。该学科也关注人们在设计创造过程中的心态，以及设计对社会与社会个体所产生的心理反应，同时，这种心理反应又如何作用于设计，使设计能够更好地体现人们的心理作用。在产品 R&D 与 D&M 过程中，设计心理学始终是直接或间接地沟通生产者、设计者与消费者关系的重要途径，也是消费者获取理想产品的必要模式。要达到此目的，设计者必须全面地了解与系统地把握消费者的心理和消费者的行为规律。只要存在设计的过程，就必然会涉及心理学问题，相关问题也必然具有设计学科的特征。

如前所述，设计心理学是引导人们科学认识影响设计结果的人为因素，保障设计科学化与人性化的新兴理论学科。其研究对象既有消费者，也有设计者和管理者。从设计而言，无论是消费者，还是设计者，都以不同的心理过程对产品设计产生影响。设计者在 PD 中还要受其知识背景与设计经验的影响，即使在同样的约束条件下也会产生不同的产品创意，使 PD 结果呈现出多样化的特征。不管任何创意及设计，只有符合消费者的要求，才可能获得消费者的认同。

关注设计现象所蕴含的心理现象是设计心理学研究的重点之一。无论是设计对象的知觉原理与设计过程的创造心理，还是设计中的文化心理现象与设计风格的关系，它们构成设计工作的重要内容，在一定程度上也可以说是设计工作的核心。从学科内涵与本质特征而言，设计心理学具有不同

的应用特点。它需要建构与各专业相适应的设计心理学内容，并指导设计者的设计活动。为避免PD的局限性，更应该从心理研究的角度，结合社会发展状况及人们的生活及工作理念，进行全面分析。从这个角度而言，设计心理学需要关注与研究消费者心理学(consumer psychology)的相关问题，需要把握影响消费者取向的要素，特别是全面了解可以通过设计者的人性化设计来调整的因素；使设计者科学获取及有效运用所需要的设计参数；同时，也不能忽视设计者心理学的本质内涵，也就是说要从心理学的角度，全面地认识拓展设计者的创造潜能，对于产品设计也具有至关重要的关系。

设计心理学是设计工作的理念引导与方法构建的理论基础，并与PD密不可分。需要强调的是，设计者心理学是以设计者的未来发展为核心，对设计者进行一系列设计创造思维的训练，在当代不断需要创新发展的背景下，此类理论需求也显得十分必要与迫切。在现实产品的设计中，往往要针对设计者的EQ(情商，Emotional Quality)，促使设计者以良好的心态进行设计，并与客户和消费者有效地沟通，使其能够敏锐地感知创新要素及需求信息，了解消费动态。显然，这种研究具有一定的抽象性。同时，需要指出的是消费者心理学更为关注消费者解读设计信息的心理反应与行为特点，以及消费者认识物体的一般规律与程序。不同地域、不同民族、不同性别、不同年龄人的心理特征具有一定的差异性，不同心理特征的人群对各种设计要素及表达方式也具有一定的差异性。在纷繁复杂的客观世界中，各个国家或民族心理特征不同，合理挖掘与采集相关信息并进行设计分析，最终通过科学的方法转变为设计要素与设计属性，成为消费者心理理学与设计相关联的重要问题。

在复杂的PD要素体系中，开展PD具有一系列不确定性。设计心理学受到设计和心理学的共同制约，它们在一定程度上制约着设计心理学对产品设计的总体把握。基于设计目的的差异性，人们将设计计划分为传达设计、使用设计以及居住设计等不同的设计方式，对应地通过视觉传达设计(visual communication design)、产品设计以及环境设计过程体现出来。诸多学科与设计心理学具有千丝万缕的联系，如认知心理学(cognitive psychology)、创造心理学(creativity psychology)、消费心理学(consumer psychology)、环境心理学(environmental psychology)、人机工程学、艺术学(Art theory)与美术学(Fine arts)，就是其中的典型代表，并共同启示、引导、促进创新设计的进展。

认知心理学理论将人比喻为计算机，人像计算机一样对外界信息进行加工，如图2-1所示。

设计心理学诸多学派从不同角度指导设计理论研究与应用研究。格式塔心理学(gestalt psychology)重要的是指组织整体。需要论认为,“需要”是指人对生理、环境、社会某种需求。美国心理学家马斯洛提出了呈塔形的人的需要等级层次,即自我实现的需要(self-actualization need),审美需要(aesthetic needs),认知需要,尊重需要(esteem needs),归属和爱的需要,安全需要(security needs)以及生理需要(physiological need)。不管设计心理学各流派的侧重点如何,内涵怎样,它们都是不同时期社会发展的产物,也是人类设计心理研究的进展,对于今天PD具有重要的启示意义与指导价值。

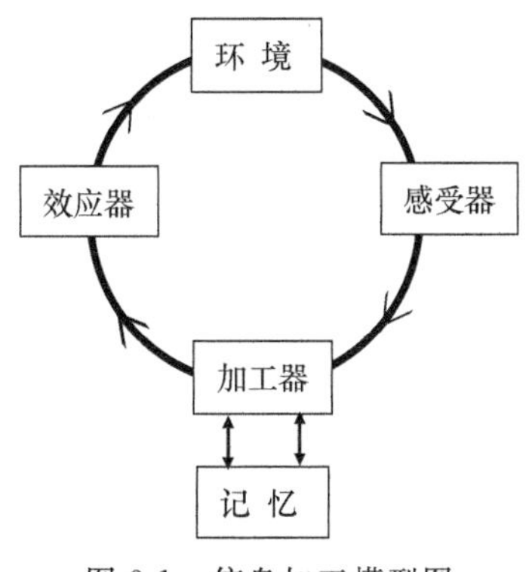

图2-1 信息加工模型图

2.1.2 设计心理学的若干理念

2.1.2.1 感觉、知觉与设计

设计心理学有诸多概念,在发展过程中逐渐地演变成了指导产品设计的理念,并在不断地完善与发展之中。感觉作为一种最简单的心理现象,影响着人们对事物的认知与信息传达及反馈。无论是人的外部感觉如视觉、听觉、嗅觉、味觉、触觉等,还是人的内部感觉如运动觉、平衡觉、内脏觉,都是感觉的具体类型或方式,都对于设计具有一定程度的影响。

谈及直觉的内涵特征,需要明确直觉是人脑对直接作用与感觉器官的客观事物的整体属性的反映。这种概念界定,蕴含了知觉的整体性(integrality)、选择性(selectivity)、理解性以及恒常性(perceptual constancy)等基本特性。知觉的各种特性是人们心理及各种感官的综合反应,对于PD的特征把握,风格引导以及内涵界定具有重要的影响。

任何一个产品都是由诸多不同的部分构成的统一整体,组成产品整体的各个部分密切关联,产品整体特性的感知也在一定程度上与此特性感知相联系。人们通过质感产生一种视觉上的感觉,在产品设计中具有巨大的适用性及挖掘潜力。无论哪种设计产品,其用户触觉总是通过“视觉质感”调动起来的,再由用户触摸予以验证。因此,现代创新产品的设计者,在产品设计过程中,需要把调动用户质感能力纳入重要的考量范围,全面地体味与思考目标用户对设计产品可能的感知心态。了解感觉与知觉的内涵特征,对于开展PD工作具有一定的客观针对性与现实逻辑性,也是产品创新设计的必要因素。图 2-2 反映了心理感知与产品目标实现过程的相互关系。

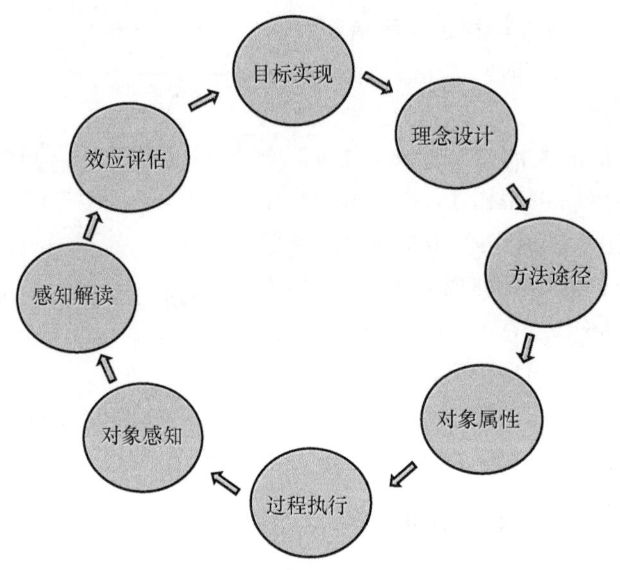

图 2-2 心理感知与产品目标实现过程的联系

在几何学、心理学或者逻辑学等学科中，人们已经研究并发现了一系列客观现象，诸如相等或相似的元素形成整体或群体。如图 2-3 左图中，人们凭借自己的生活习惯或者感知能力认为各要素是纵向排列的，而右图中要素则是横向排列。人们通常会有意无意地把具有相似特征的事物组合在一起，这是相似性原则对人们思维方式的明确启示与直接影响。在产品交互设计中，相似性原则被普遍运用。图 2-3 反映了相似性原则的一般图式。

图 2-3 相似性原则图式

2.1.2.2 注意与设计

心理学研究表明，“注意”是心理活动对一定对象的指向和集中。日常生活及工作中，人们所专注特定事物时，总会在人的感知、记忆、想象或体验着特定的情感情绪；从这个意义上而言，视知觉因素在现代设计心理活动中也无处不在。

简洁化是当代各类产品设计的一种趋势，是引起观察者及产品用户“注意”的重要特征，它符合人们视觉的秩序化规律。心理学实验表明，通常人们是通过轮廓架构实现对产品总体把握的，至于产品细枝末叶部分的特征在起初阶段则往往被忽视。基于此，PD内容不宜过于复杂，最好使用简单的内容及简单形式，并把理念传达给用户。这种PD显示了简约、概括与明了的设计特点，也可以称之为简洁性设计，比较容易引起产品用户的注意或体验。

从主观的角度而言，人们的知识、经验、需要及兴趣等可能是“注意”的诱因；从客观的角度而言，特定的PD要引起公众“注意”，设计者既要与公众已有的经验相联系，又要使公众感到新颖及愉悦，才可能达到预期的目的。无论是从客观还是主观角度，这都是设计产品引起公众“注意”的必要条件。

2.1.3 设计心理学的典型代表

当代认知心理学的开拓者唐纳德·A·诺曼，于2006年获得富兰克林奖章(Benjamin Franklin Medal)。诺曼所著的《设计心理学》(Design Psychology)中，强调以UCI的设计理念，设计者在注重设计美感的同时，安全、好用永远是产品立于不败之地并持久地被人们所接受的关键。该著作对PD中面临的问题进行了全面地梳理与分析，具体而言，《设计心理学1：日常的设计》的主要内容涉及“日用品中的设计问题”“日常操作心理学”“头脑中的知识与外界知识”“设计中的挑战”及“以用户为中心的设计”。《设计心理学2：与复杂共处》中主要内容分别为“设计复杂生活：为什么复杂是必需的”“简单只存在于头脑中”“简单的东西如何使我们的生活更复杂”“社会性语义符号”“善于交际的设计”“系统和服务”“对等待的设计”“管理复杂：设计师和使用者的伙伴关系”及“挑战”。《设计心理学3：情感化设计》的主要内容分别隶属于两部分，第一部分为“物品的意义”，包括了“有吸引力的东西更好用”及“情感的多面性与设计”两章内容；第二部分为“实用的设计”，包括了“设计的三个层次：本能、行为与反思”“情感化机器”及“机器人的未来”。《设计心理学4：未来设计》涉及的主要内容分别为“小心翼翼的汽车和难以驾驭的厨房：机器如何主控”“人类和机器的心理学”“自然的互动”“机器的仆人”“自动化扮演的角色”“与机器沟通”及“未来的日常用品”。唐纳德·A诺曼将多学科的知识原理与方法引入到了设计领域，对人们科学地理解设计过程中每个环节的作用，精准把握并实践以人为本的设计理念有着极其重要的作用。在当代进行产品设计时，我们从其获得理论借鉴与应用帮助，对于拓展设计理念，提升设计水平无疑具有重要启示意义，需要产品设计者认真学习、领会、借鉴、开拓、创新。

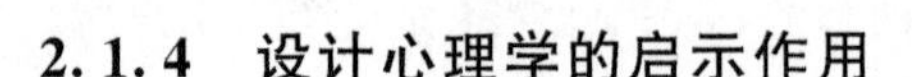

2.1.4 设计心理学的启示作用

设计心理学的理念与方法，对于开展PD具有重要的理论指导与方法借鉴价值。特别是设计心理学所强调的感知觉与设计、注意与设计、心理激发、层次及分类以及心理效应等理念，被当代设计者赋予了新的内涵，成为凝练设计思路，挖掘设计灵感，抽象设计概念，实现设计过程，评价设计效果等环节，不可替代的理念引领。

随着产品设计理论的创新与发展以及新技术的进步，人们的需求也不断地拓展，而根植于人民群众生活的丰富土壤，跟踪国际产品研发相关领域发展的最新进展，结合中国文化传统与经济发展水平，努力设计出丰富多彩、特征各异、功能多样的产品，成为设计工作者不断努力的方向，必将促进2025中国制造的实现。

2.2 色彩心理学原理

2.2.1 色彩心理学若干问题

2.2.1.1 色彩的心理效应

色彩是人的视觉器官对可见光(Visible light，VL)的感觉，是视觉的主要特征。在设计中，视觉与感觉及触觉共同影响设计者、使用者及管理者对产品的预期及效果。表2-1简要地反映了视觉与相关设计的联系。

表2-1 视觉与相关产品设计的关联性特点

设计类别	概念设计(PCD)	交互设计(IaD)	视觉表达(V)
主要内容	用户需求 设计者表达需求 管理者了解雏形	快速呈现原型 用户建议 优化设计	产品风格 传达情感
重点工作	功能特征 结构模式 工作流程	功能/结构 任务/流程 布局/结构 位置/顺序 层次/轻重	风格 色彩 质感
图形方式	粗略线框图	精细线框图	高保真原型图

人们能感知丰富多彩的世界，其关键因素就是光。健康的人眼能够在波长400～760 nm范围内感受到特定的色彩，波长短于400 nm紫外光(UV light)和长于760 nm红外光(infrared light)都不能给人眼色彩感的光，VL没有

精确的范围，大多数人的眼睛可以感知的电磁波的波长在400～760 nm，但有些人能够感知到波长大约在380～780 nm的电磁波。其中光、眼睛、神经三要素，对应着物理、生理、心理三要素，也构成了人眼感知色彩的必要条件。设计者和观察者对设计产品色彩有着不同的复杂感知与理解，只有在特定产品中得以完美融合，产品才可能达到理想的设计效果。人对色彩的感受可以通过冷暖感、轻重感、强弱感、明暗感等特征体现出来，也可以通过宁静兴奋感和质朴华美感予以反映。当然，这些色彩感受与色彩本身维度（明度、纯度和浓度）密切相关，同时，一些感受还涉及视觉质感，以及色彩情感效应和色彩形成待征。

在不同的产品设计中，设计者都必然会考虑到色彩搭配，把缤彩纷呈的色彩与丰富多样的原料有机地统一起来。从色彩心理学（color psychology）的角度而言，一般把橘红色纯色及天蓝色纯色分别定为最暖色与最冷色。在这种色彩心理学的原理及原则指导下，人们自然地就容易获得关于色彩冷暖感的一系列规律性认识。基于上述认识及规律，红、橙、黄属暖色，蓝绿、蓝紫属冷色，黑、白、灰、绿、紫属于中性色。即使如此，在色彩心理中，人们也实实在在地体味到一般黑色趋于偏暖，白色趋于偏冷。

色彩明暗感是人眼感知色彩的又一重要特征。其原因是白色、黄、橙等色彩往往给人明亮感觉，而紫、青黑等重色（冷色）则往往给人灰暗感觉。这种不同的感受主要与人们的生活与联想存在着密切的相关性。各种颜色对于人的心理产生多种效应，这种效应通过物质实体以及精神理念予以反映，产品设计中必然要考虑相关效应特点，引导或者满足人们对于色彩的各种需求。

2.2.1.2 设计色彩的功能

对色彩功能的认知过程，是心理学中的一种心理现象。认识色彩功能，能够帮助人们合理地应用色彩及其对比调和效果，实现设计者预期希望达到的设计效果，满足使用者的心理需求。表2-2简要地反映了色彩的主要功能。

表2-2 色彩的主要功能

序号	名称	光谱特征（VL）	语义学及心理学特征
1	红色	在VL（380～780 nm）光谱中，红色波长最长，处于VL长波的极限附近，波长为770～622 nm。	暖色。自然界中，鲜花、果实、新鲜肉类食品多显红色，有艳丽、芬芳、充实、饱满、鲜甜、甘美、成熟等印象。社会生活中，不少民族把红色作为欢乐、喜庆、胜利用色，也为兴奋与欢乐用色。因红色注目性与美感，使其在标志、旗帜、大众传播等用色占首位。红色给人带来刺激、热情、积极、奔放和力量，还有引起注意、激动、紧张、庄严、肃穆、喜气和幸福之感。

续表

序号	名称	光谱特征(VL)	语义学及心理学特征
2	橙色	橙色光波长居红黄之间,色性也在两者之间。波长为622～597 nm。	最暖色。一般火温度较高时,热量较大时,不是红色而是橙色,故橙色比红色更暖。橙色给人亲切、坦率、开朗、健康感觉;介于橙色和粉红色之间的粉橘色,则是浪漫中带着成熟的色彩,有安适、放心之感。
3	黄色	可见光谱中,黄波长适中。波长为597～577 nm。	光感强,给人留下光明、辉煌、灿烂、轻快、柔和、纯净、充满希望印象。为明度极高的颜色,能刺激大脑中与焦虑有关的区域,具有警告效果。艳黄色象征信心、聪明、希望,有不稳定、招摇之感;淡黄色显得天真、浪漫、娇嫩。
4	绿色	太阳投射到地球光线中,绿色光占50%以上。波长为577～492 nm。	为绿色生命色。象征自由和平、新鲜舒适。黄绿色给人清新、活力、快乐之感;明度较低的草绿、墨绿、橄榄绿给人沉稳、知性的印象。绿色还有生命永久、理想、年轻、安全、新鲜、和平之意,给人以清凉之感。绿色暗示了隐藏、被动。
5	蓝色	蓝色光的波长短于绿色光,比紫色光略长些,一般为480～435 nm;蓝靛波长492～455 nm。	蓝色崇高、深远、纯洁、透明、无边无涯,也有悠远、宁静、空虚、寒冷、冷漠、流动、缺少生命的活动。蓝色为现代科学象征色,冷静、沉思、智慧和征服自然力量。蓝色是灵性知性兼具的色彩;明亮的天空蓝,象征希望、理想、独立;暗沉的蓝,意味着诚实、信赖与威望;正蓝、宝蓝在热情中带着坚定与智能;淡蓝可以让人友善、扩张;深蓝色则坚实、紧缩。
6	靛色	靛色波长420～440 nm,一般泛指介于蓝色和紫色之间的蓝紫色。	靛色是一种比颜料靛亮但比萤幕靛暗的色彩;靛色不应看作单独的色彩,而应属于蓝色系色或紫色系色;语义学认为"靛"是靛蓝、靛青、深蓝色,由蓝和紫混合而成。靛色是创意、直觉力、睿智的象征。七彩中最暗的颜色沉静却隐藏活力,具有复杂不可思议的涵意;还有聪明、智慧、理性、创造、贤明、意志与信念之感。
7	紫色	紫色波长最短。波长为455～350 nm。	无论自然还是社会,紫色较为稀少。紫色给人高贵、优雅、浪漫、优越、奢华、幽雅、流动、不安之感。易造成心理忧郁痛苦和不安。淡紫色浪漫,带有高贵、神秘、高不可攀之感;深紫色、艳紫色则魅力十足而狂野。
8	白色	白色是全部可见光均匀混合而成的,称为全色光。	白色明亮、干净、卫生、畅快、朴素、雅洁、平和、纯粹、安静。白色象征神圣、善良、信任与开放;白色是纯洁、高贵、清冷的代名词。有时白色也会给人疏离、梦幻之感。

续表

序号	名称	光谱特征(VL)	语义学及心理学特征
9	黑色	从理论上看,黑色即无光,是无色之色,在生活中,只要光照弱或物体反射光能力弱,就会呈现出相对黑色面貌。	无光对人们心理影响可分为两大类:消极类,阴森,恐怖,烦恼,忧伤,消极,沉睡,悲痛的印象。积极类,休息,安静,沉思,坚持,准备,考虑,严肃,庄严,坚毅。在两类之间,黑色还有捉摸不定,掩盖,污染印象。黑色与其他色彩组合时,属于极佳的衬托色,黑色组合,光感最强,最朴实最分明。黑色还象征威望、高雅、低调、创意;也意味着执着、冷漠、防御。

在日常生活中,灰色变化极为丰富,灰色也十分复杂。灰色有时能给人以高雅精致与含蓄的印象。同时,灰色还象征诚恳与沉稳。中灰与淡灰色则富有哲人的沉静。

总之,应用色彩心理学的原理,特别是色彩对人心理的影响与感知,设计者可以充分发挥其想象,满足 PD 的需要以及人们多样化生活的需要。

2.2.1.3 色彩功能与外观

产品色彩与产品形象互相依存,产品色彩的作用不能脱离其表现及美化的产品形象的作用,这就是产品色彩功能与产品形象功能的内在关系。前述色彩心理效应以及色彩语义学内涵特征,对于把握产品设计中色彩与设计形象的关系至关重要,只有遵循色彩心理学原理,努力实现色彩功能与形象功能相一致、相统一,才可能达到设计的预期效果。

在现实产品研发中,几种经典配色具有一定的代表性,如表 2-3 所示。

表 2-3 设计中的几种经典配色模式

模式类型	色彩构成	主要特点
模式 1:永恒经典	黑+白+灰	黑加白可以营造出强烈的视觉效果,本模式在一定程度上可以缓和黑与白的视觉冲突感觉,营造出一种变化多端又独具风格的设计效果。在这种色彩情境中,具有冷调的现代感与未来感,也会给人带来某种理性、秩序与专业感。
模式 2:浪漫温情	蓝+白	由于自然界的天空是淡蓝的,海水是深蓝的,与白搭配可把白色的清凉与无瑕表现出来,令人感到十分的自由,有若属于大自然的一部分,令人心胸开阔,向往碧海蓝天的人士,白与蓝是最佳的搭配选择。
模式 3:现代+传统	银蓝+橘黄	以蓝色系与橘黄色系为主的色彩搭配,表现出现代与传统的交融,兼具超现实与复古风味的视觉感受,赋予产品一种新的活力。
模式 4:新生喜悦	黄+绿	鹅黄色是一种清新、鲜嫩的颜色,代表着新生命的喜悦。果绿色是让人内心感觉平静的色调,可以中和黄色的轻快感。

2.2.2 色彩功能与产品设计

色彩心理学(Color Psychology)作为一门新兴的交叉学科,在诸多领域具有发展潜力与应用。色彩心理的反应与变化是极为复杂的,并由人们对色彩的经验积累而逐渐地变成人们对色彩的心理规范。无论是心理颜色及现实体现,还是色彩的影响与色彩心理学价值,都对于 PD 具有重要启示意义。

(1)心理颜色

日常生活中观察的颜色在很大程度上受心理因素的影响,即形成心理颜色视觉感。在色彩研究中,人们往往将色相、色光、色彩属性归为一组;将明度、亮度、深浅度、明暗度、层次属性归为一组。同时,将饱和度、鲜度、纯度、彩度等属性归为一组。这样的分组并没有严格的科学内涵与概念界定,彼此的含义也具有一定的差异性,只是为了更为方便地表达色彩的特征以及特定色彩对人感官与心理的影响。

从心理角度而言,人们把色彩分为红、黄、绿、蓝四种。通常红—绿、黄—蓝称为心理补色。任何人都不会想象白色从这四个原色中混合出来,黑也不能从其他颜色混合出来。因此,红、黄、绿、蓝与白和黑,成为心理颜色视觉上的六种基本感觉。心理学上四原色与物理学上的红、黄、蓝三原色具有一定的差异性。

(2)影响心理和情绪

色彩直接影响着人们的心理活动。人们常常感受到色彩对自己心理的影响,这些影响总是在不知不觉中发生作用的。在人们感知客观世界的过程中,形成了一系列理论与方法,帮助人们更真切地理解所要感知的事物。心理学者认为,对人的第一感觉——视觉影响最大的是色彩。因为人的行为易受情绪支配,这也可能是不同人群对一些颜色具有特殊感觉体验的原因。在当今科技进步以及社会多元化的背景下,更多的要素影响到人们的颜色感觉效应,人们对于颜色的感觉也越来越趋于复杂化。

在人们的日常生活、工作过程、文娱活动等各种领域,人们的心理和情绪常常受到各种色彩的影响。现代企业家、艺术家、设计者、广告商等都在应用色彩来影响、引导、控制人们的心理和情绪。

(3)色彩心理学价值

色彩对人的心理和生理都会产生影响。色彩心理学研究表明,人的脑电波对红色的反应是警觉,而对蓝色的反应是放松。色彩的心理效应有着多种多样的动因及效果,有些属于直接的刺激,有些来源于间接的联想,更高层次的效应则可能涉及人的观念与信仰。设计者了解了人们对色彩的效应,就可以在设计中有意识地挖掘与体现色彩所赋予产品的特征,并引发人们的心理感受与多样化的体验。

前面已经提到红光和橙、黄色光,具有暖和感;而紫色光、蓝色光、绿色光,往往带给人寒冷的感觉。冷色与暖色还会给人们带来重量感、湿度感等诸多不同的感受。如暖色偏重,冷色偏轻。这些感觉只是人们心理作用所产生的主观印象,属于色彩心理的范畴。科学合理地应用人们对色彩的心理感受,并完美地体现在产品设计中,需要长期不断的探索。

2.3 社会心理学与行为心理学原理

2.3.1 社会心理学与PCD

2.3.1.1 社会心理学内涵特征

研究个体和群体在社会相互作用中的心理和行为发生及变化规律是社会心理学(Social Psychology)学科的核心。其研究对象为社会心理现象,研究的主要本质价值是为提高人们认识自身的能力服务。社会心理学研究所涉及的理论与方法、社会个体、态度与行为、社会影响等领域研究,对于科学把握特定产品的特征,设计适合特定人群的创新产品,满足不同个体与群体的需要,具有基础性意义。

2.3.1.2 社会心理学研究对象

如前所述,Social Psychology研究具体社会情境对于心理和行为的影响。它涉及社会学与心理学两大学科,并各具有不同的研究对象与研究侧重点。社会学侧重于宏观社会因素对心理和行为的影响研究,普通心理学则更多地关注个体差异与个体背景所产生的行为研究。综合不同学科对于社会心理学特征的影响,作为当代科学的社会心理学,在分析研究对象过程中,不但要遵循价值中立原则(value neutrality principle)与系统性原则(system principle),而且要遵循伦理原则(ethics principle)开展研究,探索客观对象应有的客观特征,为产品设计尽可能地提供来自社会个体与群体的心理诉求与价值取向。

Social psychology研究的问题随着时代的演变而变化。随着social psychology的日益发展,研究内容也日益丰富。自20世纪60年代中期以来,social psychology的观点有所改变。计算机技术为处理现场所获取的大数据提供了方便,推动着社会心理学的进步。

社会心理学在研究及学科体系构建过程中，逐渐地形成了诸多学派。就符号相互作用学派而言，又形成了一系列的理论体系，支撑着学科的研究；包含符号相互作用理论（symbolic interactionism），角色理论，参照群体理论等。把握相关原理，是了解大众心理，实施产品设计的重要出发点。

2.3.2　行为心理学与PCD

2.3.2.1　行为心理学的主要特征

行为心理学（behaviour psychology）与产品设计具有直接或者间接的联系。它主要关注可以直接反映人意识的，并能够被人们看得见、摸得着的一些特征，也就是侧重于对人的行为本身进行研究。美国著名心理学家约翰·华生认为，人的心理意识与精神活动是难以捉摸的，也是难以接近的，心理学应该研究人的行为，通过对人的行为的体味、认知、判断、评价，建立行为与心理之间的内在联系。行为是人适应环境变化的身体反应的组合，在此前提下，进一步推崇自然科学的实验法和观察法在行为心理学研究中的重要性，实现预知和调节人的行为的意愿。

经典的条件作用，也就是应答条件作用或巴甫洛夫条件作用（pavlovian conditioning），操作性条件作用以及社会学习理论等，是行为心理学指导实践的基本原理。

2.3.2.2　行为心理学的典型范例

探究人类生活中的各种行为现象的本质，是行为心理学的重要目标；同时，行为心理学也力图通过对各种现象的研究，获得客观认识自我行为的特征及规律，并倡导与构建积极行为，提升与丰富当代生活。孙科炎与李婧（2012）所著《行为心理学》，比较系统地探讨了行为及心理等领域的一系列关键问题。在问题探索中，不但包含了心智反应、意识唤醒、合理有度、决策与判断等核心问题，而且还涉及了行为矫正、行为陷阱、群体极化以及关键行为等内容，既是对行为心理学本身特征与规律的深入探索，在一定程度上又蕴含了普通心理学、认知心理学的精髓，以及社会心理学与人格心理学的内容，对培养人们正确、积极的行为具有显著的指导意义，也对于引导人们理解与崇尚蕴含先进文化的各类产品，营造良好的社会消费习惯与宏观氛围，具有重要的借鉴价值。冯绍群（2008）编著的《行为心理学》共分21章，主要包括“心理的动力基础”“心理结构图式”“意象格局”“心智模式”“情绪与意动”“情感与理性”“自然行为与冲突”“冲动行为与欲求不满”“焦虑与抵抗”“有意行为与置换机制”“置换机制”“自我保护机制”“心理的失衡”“重建心理平衡”“气质”“性格”“性格分析及其运用”等。需要强调的是，个性从外在及内在来看具有不同的特点，每个人都有着不同的个性，根据其个性，可以不同程度地预见其未来行为。

2.3.3　行为哲学与PCD

在现实工作、生活及社会活动中，人的意识活动具有目的性、计划性、主动性与自觉性，这已被现代心理学诸多观点所证明。人的这种意识活动可以从认知活动和意向活动两方面去理解。前者主要侧重于人以识别对象自身特性或规律为目的的活动，而后者则强调人类需求对外在环境的反馈，或为满足需求而采取的行动。

行为哲学是多种理念融合的产物，基于生物进化中内外因相互作用关系，分析人的主观能动性，就是其中具有代表性的观点。人类拥有的物质产品，是内外因素的紧密联系与有机结合，也许这对于人类创造新的产品，满足当代人类需要具有一定的启示意义。由于认知因素和意向因素的客观存在与相互联系，致使心理学的重构成为可能。现实当中，对象特征具有客观性，认知的结果就具有客观性，意向因素在抽象思维中具有极大的创造性。挖掘人们的抽象思维能力，对于创新产品设计提供了理念基础与思维模式。

认知因素和意向因素的分解，使得发生心理学相关决定人的心理发生与发展的思想，融合到心理学的基本理论框架中，逐渐形成了一个具有相对科学规范性与理念合理的心理学体系。总之，行为哲学重构心理学，是学科融合发展的体现，也是理念创新的体现，其核心是新视角、新理念以及新的逻辑思维方式的应用；主要特征是将心理学的内涵体系真正建构在人们的心理层面上，甚至从哲学的角度引导人们的科学思维与心理取向。从这个意义上而言，有利于指导设计者科学设计创新产品，并引导消费者合理使用产品。

第3章 EPCD的设计美学及工艺学基础

3.1 设计美学原理

3.1.1 设计美学的理念及内涵

关于设计美学(design aesthetics),人们从不同角度、不同层次、不同学科有着不同的界定与理解。一般而言,它是继承了相关学科的内涵特征,基于现代设计理论与应用的背景,融合美学与艺术研究的传统理论发展起来的新兴学科。在当代学科快速发展与交叉融合的背景下,它不但在学科定位、研究对象和研究范围方面具有自身的特点,而且在现实应用中也逐渐地形成了独特的方向。

理解设计美学的内涵特点离不开对于设计的认识。一般意义上人们所认同的设计是基于技术和艺术,并把两者有机结合的一门交叉性学科领域。设计中的形式问题在很多方面表现为美学问题,如何从美学的角度对设计的审美现象进行研究分析,对于当代PD与D&M无疑具有重要意义。由中国设计美学专家祁嘉华(2009)编著的《设计美学》,系统地研究了产品设计中所涉及的一系列美学问题,为科学认知产品设计中的复杂问题以及理解设计美学学科体系与设计理念,提供了系统的理论基础、视点和方法;特别是所倡导的形态构成论、功能转化论、文化整合论、审美范畴论、符号表现论、风格变迁论,对于指导EPCD及审美,具有重要现实意义。在设计美学领域,许多专家进行了长期的探索,形成了指导产品设计的一系列原理、方法与技术,成为开展各类产品设计与制造的重要依据;祁嘉华(2009)《设计美学》主要内容如表3-1所示。

表3-1 设计美学构架及主要内涵之一

序号	结构框架	具体内容
1	形态构成论	自然形态与人工形态(自然形态的情感内涵与功能启示、人工形态的构成),人的感知特性与完形理论(感知觉与感受性、人对产品的感知方式、完形理论),技术形态与艺术形态(技术的产生和历史的发展、艺术的形成过程、技术与艺术的异同),产品形式的构成与意境(技术规定性与形式自由度、功能形态与几何造型、意境的营造)

续表

序号	结构框架	具体内容
2	功能转化论	人的需要的多层次性（需要作为人的本性、审美需要的渗透性、审美淘汰与情感性消费），产品的功能及其划分（功能与形式关系、产品与人的相互关系），功能转化原理，审美创造与意象生成
3	文化整合论	文化的形态构成，设计文化的构成，生态文化与设计，文化取向与市场取向
4	审美范畴论	形式美、技术美、功能美、艺术美、生态美
5	符号表现论	符号与传播、建筑语言与产品语言、产品造型的符号学规范、商标与广告的形象设计
6	风格变迁论	风格范畴的内涵、中国器物风格的演化、西方工业产品风格概略、装饰的审美趋向

注：据祁嘉华（2009）《设计美学》修改。

经过 40 年改革开放的快速发展，中国人的开放意识、包容意识、发展意识得到了空前的提升；目前，中国已经有更多的人逐步地接受了“设计”，并逐渐地认识到了“设计”，也逐渐地体味到对“设计”的客观需要。与这种快速发展不相适应的是设计教育观念相对落后，设计研究尚不深入，设计理念创新不足，设计方法不够系统，设计理论教育不够全面；直接影响了 PD 的进展。

新时代学科发展的重要特征之一往往表现为学科的交叉融合。在这种背景下，现代设计已经直接或间接地打下了现代哲学、艺术学与心理学的烙印，当代设计表现出了一系列的多样性与复杂性特征。倡导设计活动的美学价值，也可以说是设计美学的重要时代特征，人们把设计美学的目的性作为产生设计功能美的重要前提基础。从这个意义上而言，指导设计活动不断地向着审美方向发展是设计美学作用的重要体现。邢庆华《设计美学》（2011）比较系统地探讨了设计美学的相关问题，对于提升 PD 水平具有重要的指导价值。邢庆华《设计美学》（2011）主要内容及构架如表 3-2 所示。

表 3-2　设计美学构架及主要内涵之二

序号	结构框架	具体内容
1	设计美学的历史成因及其学科意义	设计美学的历史成因，设计美学的学科意义
2	设计美学多维性视阈下的审美语境	设计美学的本体语境，设计美学的连体语境
3	设计美学与哲学美学的时空叠置	设计美学的本质特征，哲学美学是设计美学的基础平台，支撑设计美学的语言工具，两种美学在时间和空间上的平行叠置

续表

序号	结构框架	具体内容
4	设计美学的精神沃土	历史轨迹中的西方古代、古典美学思想贡献，西方现代、后现代美学流派中的美学思想贡献
5	设计美的合目的性与表现性	设计美的合目的性，设计美的表现性
6	设计美学的符号特性	设计美感的文化符号意义，设计美学的表象符号
7	设计美感的形式因素	设计形式语言审美的广泛性，设计的理念、情感与形式，设计的造型与形式美感，设计的装饰与形式美感
8	设计中的美感原理与法则	引导设计美的两种源泉，设计中的美感原理，设计中的美感法则
9	色彩设计的审美研究	色彩设计的美学语汇及其审美文化，色彩设计的审美体验与信息价值，观念性色彩语言对现代建筑设计的审美描述，色彩设计的审美价值与主要类别，色彩审美设计的创意表达
10	设计美学的本体价值	设计策略，设计的美感现象与设计意志的表达，设计物质层面的多样性
11	设计的流动性与艺术性	设计过程的流动性，设计作品的艺术性，艺术设计风格的美学本质

注：据邢庆华《设计美学》(2011)修改。

3.1.2 设计美学的特征及表现

产品设计离不开设计美学的支撑，从设计美学的学科框架、内涵特点与研究内容可以了解到，设计美学在其发展过程中逐渐地形成了本学科的一系列特征，并作为指导 PD 的重要依据。在人们不断追求美好生活的新时代，一般而言，形式美、功能美、技术美和材料美，是体现 PD 美学理念及创新活动的重要方面，自然成为产品设计者需要关注的领域。

在研究设计美学的进程中，张宪荣(2011)《设计美学》亦具有一定的代表性。该成果立足于美的共性，剖析了美的本质与特性以及美的形式与内容等重要问题；同时，也从美的个性出发，进一步阐述了美的分类及其不同特点，特别是技术美的一系列特性。需要指出的是，张宪荣(2011)基于设计美学的原理与方法，阐明了现代设计是生产力的重要组成部分。

在 PD 过程中，设计始终体现了一种文化内涵，在任何时代也不例外；而设计文化在一定程度上体现了设计的人本理念，产品的实用价值，产品的象征价值以及产品的文化价值。PD 中美的本质体现在各类设计产品的物理载体，以及产品可感形式与内涵中。PD中美的特性，体现在产品美的形象性，产品美的感染性，产品美的社会性以及产品美的新颖性等方面；产品设计中美的理念与表现形式，常常随着时代审美意识的变化及产品属性的不同，而表现出不同的特征。产品需要通过一系列技术来实现，技术美通过PD的内部结构与外观形态、色彩、材料、纹理等一系列特征予以体现，综合性地反映了设计美学在PD中的价值。

在人们探究设计美学的过程中，有诸多理念值得思考。在PCD或者PD过程中，形式服从功能是设计工作的基础，具有重要的理论价值。形式追随功能是积极的，而唯功能论则是片面的；同时，唯产品的结构而结构，过分强调外观及形式表达，忽视功能的重要性，也是不科学的。在当今社会，美被无限拓展又呈现出多元化的背景下，需要强调的是一个合理的表达了内在的结构或者适当地表现了功能的PD形式，应当被人们认为是一个美的形式，同时，合理的产品功能形式也应当是一个符合目的性的表达形式，因而也是美的形式。人们所期盼的产品功能与产品表达形式的统一，在更高层次上体现了产品独特的内容。在D&M过程中的技术，更多地表现为造物的过程和手段，它的美通过设计者所精心设计的对象物表现出来。在实现产品功能过程中，技术美是体现产品功能美与产品形式美和谐统一的关键。在产品工艺加工制作中，材料的类型与感性符合美的形式，体现了产品美的特质。在产品设计与制造中，对材料的利用不仅是为了产品实用价值的实现，同样也是为了展现材料美。结构与功能、形式与内容、外观与内在等特征相互协调，就构成了理念新与设计美。

当今社会经济发展迅速，科技创新层出不穷。工业时代的美学表现出了一系列设计美学特征，不同于手工业时代(handicraft stage)的工艺之美等特征。在大工业时代，艺术符号化、抽象化、多元化、综合化则成为重要特征。当代生活、审美、接受信息的方式也在不断改变，促进了设计美学的发展以及一系列具有时代特征的印记。

设计的新颖性及独特性有赖于人们对审美的准确把握，从审美的角度认识设计、理解设计是当代设计者与用户所必须具备的技能与修养。但需要注意的是，产品的有用性即功能始终是产品的本质特征，设计者把握了功能之美，就实现了PD的本质，也就完成了设计的关键及核心。在PD与D&M中，技术美有多种表现，无论是机械工业技术的美，还是手工技术的美，都反映了产品在某一方面的美学特征与美学价值。针对现实产品进行评判时，人们一定能够体味到技术美与功能美内在的联系和一致性。与此同时，需要指出的是，工业技术的美体现在产品的简洁、整体、轻快、理性、风格及一致性等方面；手工技术之美则往往通过产品的柔性、灵性、人情风味等特征体现出来。技术美是一种过程之美，也是一种表现生产技术形式和结构功能的整体性的美。无论是产品技术美，还是产品功能美，它们都是当代产品设计美学所关注的主要内容。

设计美学内涵丰富，对于指导产品设计具有诸多理论价值与现实意义，也必然成为设计者永远需要探索的领域。徐恒醇(2016)在《设计美学概论》中，从设计美学的学习开始，重点关注了设计与生活，生活趣味、时尚与风格，视觉传达设计的审美呈现，产品语言与造型规范等问题，梳理与解析了设计美学的相关问题，为新时代 PD 提供了重要原则依据与原理方法。

各种设计美学的表现形式具有多样化的特征，无论是针对产品功能美及形式美，还是围绕产品审美与环境要素的和谐美，通过一定的方式最终都可能形成一个产品整体的美化结构；显然，这种综合性的美不是各因素的简单相加，而是有机地交织在一起，获得一种创造性的美学价值；并赋予产品设计的物质、精神以及人文、社会等综合特性。

3.2 工艺学原理

3.2.1 电子工艺学

EP 作为 PD 的重要对象，存在于当代社会各个领域。EPD 离不开电子工艺学原理及方法的指导。就 EP 的 R&D 与 D&M 过程而言，产品制造工艺的技术手段与操作技能是其核心，同时也涉及产品生产过程中的质量控制与工艺管理；从一定角度而言，把它们可以看作是电子工艺的硬件和软件。在 EP 的制造阶段，一系列繁杂与多样化的材料、设备、方法与工艺操作者等要素，无疑成为 EP 工艺技术的基本要素。

产品 D&M 离不开工艺技术的支撑。目前，技术门类的多样性与复杂性，使得电子工艺学自然而然地与众多的技术门类相关联，形成了一系列特色独居，风格各异的学科群与技术群。其中，相关交叉学科或工艺技术具有一定代表性，如应用物理学、化学工程技术、光刻工艺学、电气电子工程学、机械工程学、工程热力学、材料科学、计算机科学、微电子学、金属学、焊接学、工业设计学、人机工程学等。此外，系统工程学、数理统计学与运筹学等学科的理论与方法，也不同程度地支撑着产品 D&M 的进程。显然，电子工艺学也成为产品 D&M 的重要技术支撑。

目前，人们在实践中不断地寻找新的工艺材料与技术，也进一步拓展与深化相关的理论问题，使电子工艺学的学科体系日臻完善。这就要求设计者一定要立足当下，放眼未来，力求创新设计前瞻性的电子产品，服务于人们不断增长的客观需求。

针对电子工艺技术更新换代迅速以及创新要求高等客观现象，通过对EP制造工艺的理论与技术探索，使设计者及制造者掌握相应的工艺技术与管理技能。在产品设计的不同阶段及过程中，不仅需要掌握EP生产操作的基本技能，理解特定工艺在产品制造过程中的地位与作用，还要求设计者与生产者能够从更高的层面了解现代化EP生产的全过程。也就是说，在电子工艺领域，要适应现代化和信息化、工业化的客观需求，为EP制造业以及中国制造2025奠定基础。

3.2.2 材料工艺学

材料在PD中具有重要的地位与作用，研究材料工艺学的相关问题，对于提升PD水平，亦具有重要的现实意义。

材料的类型复杂而多样，针对不同的材料设计产品，是材料工艺学的重要内容。李树尘(2000)系统地探索了材料工艺在PD中的特点，并开展了一系列典型设计(typical design)，极大地促进了该领域的进展。李树尘(2000)在其《材料工艺学》中，对相关材料工艺进行了全面地梳理与总结，其内容不仅包括了金属冶炼与加工及陶瓷工艺原理，而且也包含了高聚物合成与加工及复合材料等核心内容；特别是在高聚物合成与加工方面，重点阐述了高聚物合成工艺、塑料成型工艺、橡胶工艺原理、涂料树脂合成与配方原理；在复合材料方面，阐述了增强相材料、金属基材料的复合、陶瓷基复合材料以及聚合物基复合材料的特点，通过全面地梳理与分析材料工艺及其研发技术，无疑对于进一步改善与提升相关领域的R&D能力与水平，具有一定的借鉴价值。材料工艺历来就是设计者必须关注的重要方向，不同的产品最终需要特定的材料进行制造；不同的材料可能适用不同的产品，特定产品也可能适用多种材料工艺；为特定产品选择最为合适的制造材料及相应的材料工艺，成为产品能否满足公众需求的重要环节。郑建启与刘杰成(2007)亦在该方面进行了系统地研究与探索，在其《设计材料工艺学》一书中，系统地阐述了设计材料工艺的分类及感觉特性，设计选材的适应性及程序，金属材料与工艺，无机非金属材料与工艺(陶瓷材料与工艺、玻璃材料与工艺、无机非金属材料与工艺)，天然有机高分子材料与工艺，合成高分子材料与工艺(塑料材料与工艺、橡胶材料与工艺)，纤维复合材料与工艺，发展中的新材料(智能材料、纳米材料、生态环境材料)等。在此基础上，进一步梳理与分析了设计与材料工艺、设计与材料科技以及人在设计中的地位与作用。

总之，科学把握材料工艺特征，选择合适的材料及工艺技术，对于产品D&M具有极其重要的作用，并共同支撑与保障了产品设计与产品制造以及后续相关工作的顺利进展。上述研究框架及内涵特征具有前瞻性与创新性，对于具体的产品设计与制造具有重要的指导价值。

3.2.3 加工工艺学

产品设计与制造是一个各自独立又相互联系的整体，了解产品加工工艺的特点，同样对于合理设计、有效设计、科学设计具有重要作用。

工艺学的不同分支具有不同的侧重点，从不同角度对产品设计提供理念引导与创新借鉴。李喜桥(2009)在其著作《加工工艺学》中，系统地研究与阐述了加工工艺学的原理与方法，强调了互换性原理、成形工艺和机械加工工艺的重要性；强调了产品工艺过程对于实现产品设计的关键性作用，最后还对于现代制造技术进行了全面地分析。特别需要指出的是加强质量控制，深化工艺理论与工艺设计，对于本领域专业技术人员形成加工工艺及制造技术的整体概念，提高研发与创新能力，具有积极意义。

前面对于各类工艺进行了简要的描述，但对于工艺的学科内涵尚没有进行必要的阐述。一般而言，工艺是人们经过总结凝练而成的操作经验和技术能力，是人们利用生产设备或工具，针对产品的技术要求，对各种原材料、半成品进行加工或处理的程序、方法或技术。工艺学(technology)作为一门学科，与许多学科一样，有着诸多复杂分类。目前指导各种产品D&M的工艺学层出不穷，如精细化工工艺学、合成纤维生产工艺学、机械制造工艺学、模具制造工艺学、热处理工艺学、金属工艺学以及管理工艺学等。如此众多的工艺学，在不同类型的PD及制造中发挥着各自的指导作用。

第4章　概念设计的方法途径

4.1　概念设计方法研究

4.1.1　设计方法主要进展

方法问题是关系设计工作的又一重要环节，在产品设计中，针对不同的产品、不同的性能、不同的材料，就必然有着不同的设计方法与技术流程。

产品类型多种多样，针对不同的产品，设计者开展了一系列具有创新意义的设计工作。目前，EP 更新换代周期大幅缩短，产品新特性不断涌现。EDA 技术给电子工程设计领域注入了新理念。赵欢欢(2014)系统地分析了 EDA 技术内涵以及在电子工程设计中应用的特点。侯磊(2012)基于 AD 和 TRIZ 原理，构建了自行车 PCD 新方法，特别是利用公理化设计(Axiomatic Design，AD)在总体设计和流程分析以及 TRIZ 理论在 PD 和解决具体问题方面的优越性，获得自行车 PCD 新方案。与此同时，侯磊(2012)还采用 C# 语言以及 SQL Server 2008 数据库，为自行车 PCD 的理念创新、方法创新与技术创新，构建了一个技术平台。冯培恩等(2002)基于产品基因遗传和重组的原理，构建了综合性的概念设计模式，对于 PCD 阶段的理念创新具有启示价值。

产品设计方法事关产品研发的过程以及产品的质量、成本及效益，直接影响产品的新颖性、独特性与普适性。邓劲莲等(2003)为解决产品功能模块间结构与性能的协调性问题，在 3D 虚拟环境下，运用模块式虚拟装配及仿真技术手段，实现了各功能模块的发散性创新设计。唐凤鸣等(2003)指出了多色集合为 CACD、信息建模技术及其相关的推理技术的支撑作用，使 PCD 这一难以形式化的设计过程有了建模的可能；特别是给出了基于多色集合理论和功能方法树的 PCD 的知识表达；并在产品设计与评价中，运用冗余允许值的法则，遴选合理方案。赵燕伟(2005)在模糊理论和可拓学理论及优化技术指导下，基于 PCD 的内在规律，探索了一种 PCD 的可拓方法，能够为智能设计理论研究与工程实现，找到合理的解决方案。

VR 技术在设计领域的广泛运用，促进了 PD 研究的深化。设计者为了解决设计中的复杂问题，研发了基于产品虚拟原型(The Virtual Prototype, TVP)的设计理念与方法，并在实践中被设计者所推崇。TVP 是在 PD 信息的基础上，构建的与实际产品尽可能相似的仿真数字模型。传统的 CACD 系统常常借助于专业化符号、图表与图形系统，难以全面展示概念设计阶段的产品，致使设计者及用户要进行设计方案的符合性评价与提升设计方案，具有较大的难度。而基于 TVP 的概念设计能有效解决这些问题。杨强(2004)侧重于 TVP 的特征分类与 PCD 过程的特点，将虚拟特征概念融入视图模型中，研发了基于 TVP 的 PCD 描述模型 V-desModel；通过可扩展"3D 实体—约束图"的方式，表达产品设计对象之间的约束关系，为处理 PCD 中产品 TVP 的逼真性与设计信息不完备性之间的关系，开拓了新思路与新途径。杨强(2004)还创新性地研发了基于 TVP 的概念设计模型描述语言—VPML，探索并构建了面向系统级并行设计规划的模型与算法，使系统级产品特征生成问题有了相对合理的决绝途径。冯冠华等(2017)在 3D 设计软件 SolidWorks 的平台上，构建了 3D 几何模型以及浮游体流体动力学计算模型，模拟了设计产品的复杂结构，比较精确地设计了深海采矿的设备构件，解决了现实需求。

邓扬晨等(2004)通过对"敏度阈值"(acuity threshold)概念的分析，提出了"改进的敏度阈值"(improved sensitivity threshold)概念，构建了新的拓扑优化算法，用于飞机加强框的材料布局设计，借助于 3D 造型软件 Solid-Works 的镜面场景建模功能，并依托动态模拟装配软件 IPA，实现机器人装拆镜面的动画仿真。

目前，虽然具有一系列计算机辅助工具 CAX，但是真正支持制造业的概念设计工具还不够完善。利用 KBE 与 CAX 结合模式，金斌(2005)提出了功能—行为—结构分解和变型的 CACD 方法，研发了称之为 CACDT 的产品概念设计辅助系统。

概念设计是决定产品基本特征的基础性 R&D 工作，概念设计之后的各个环节更多的是保证概念设计结果与设计需求状况的符合程度。近年来，在智能化技术 R&D 过程中，Agent 技术发挥着重要作用；特别是作为分布式 AI 的重要内容，概念设计系统的多 Agent 技术基础，为产品设计提供了崭新的思路。邱莉榕等(2005)在分析 CACD 的基础上，提出了一种支持创新 PCD 的多 Agent 环境。陈泳(2004)在综合分析了 CACD 研究的历史和现状后，针对当前 CACD 研究存在的一些主要问题，借助仿生学原理及方法，建立基于遗传和重组的技术产品 CACA 的新理论和方法。目前，EPD 复杂度日益增大，TVP 技术的迅速发展，为探讨新的设计方法提供了良好的技术基础。赵文辉(2002)面向EPD,研究在虚拟原型技术条件下的EPD方法,以及TVP仿真环境的相关技术。相对于物理原型,TVP具有成本低、速度快、灵活性强等优点,应用领域日益广泛。目前,现有的并行设计方法在一定程度上存在着不太适用复杂设计的特点,往往导致应用范围存在一定的局限性。运用原型树模型,赵文辉(2002)通过螺旋模型的构建,提出了基于渐进式TVP的并行设计方法,提升了PD方法学的研究水平。

EP涉及电子、机械、材料、工艺等领域,多领域协同建模与仿真是TVP仿真的核心。目前,各个设计领域都存在着多种标准、语言和实现流程尚难完全统一的问题。针对现实产品设计中存在的问题,赵文辉(2003)在研发多领域协同仿真平台结构模型的基础上,实现了一个分布异构环境下的多领域协同仿真平台,较好地满足了电子产品TVP仿真的需求。陈航军(2007)构建了基于多色集合的数学模型,进一步通过该模型仿真冲压模的结构设计,并进行了全面的核实验证。

MEP采用的是机械与电子的一体化技术。MEP构成要素较为复杂,主要涉及机构、元件、动力源、传感器及计算机五类要素。其中机构设计、传感器技术是MEP设计中的关键技术。MEP概念设计是设计过程中的关键阶段。秦自凯(2004)主要从机构学理论出发,实现了MEP机构元以及传感器的计算机编码,创新了推理机求解算法。在前述基础上,借助于计算机的编程语言工具,完成了MEP机构及传感器的选型与评价。

文字形态与图符标识是表达产品设计内涵信息的重要方式。胡莹莹(2014)从"文字形态"到"图符信息"设计的角度,针对创意设计的关键环节、应用方法和表现方式,梳理出了可供产品设计应用的模式。程显峰(2015)通过分析了字体设计与装饰语言的关联性,揭示了字体设计未来发展的新思路与新模式。

靳宇(2012)综合运用复杂网络技术、XML技术以及自组织理论与方法,探讨了机械PCD的智能化实现方法,拓展了机械产品的自动化概念设计的新途径。王广鹏(2004)把模糊物元优化方法、可拓实例推理方法与可拓进化设计方法进行了全面的融合,在分析三者之间关联性与差异性的前提下,提出了基于可拓知识集成的方案设计系统架构,实现了PCD与产品详细设计的知识集成。

4.1.2 应用研究方法特征

4.1.2.1 不同类型产品设计应用

产品类型千变万化,不同类别的产品其设计方法具有多样性。

复杂产品虚拟样机(The Virtual Prototype,TVP)技术是CIMS研究领域具有创新价值的热点方向。陈曦等(2006)构建了复杂产品TVP设计支撑平台的总体结构,并全面地对复杂产品TVP中涉及的机械、电子、控制、动力、软件等设计领域,进行了统一的规范性描述;设计并实现了多领域协同的TVP概念设计支撑平台,为复杂产品TVP设计和仿真提供了综合集成环境。

电视的功能随着技术的创新进展不断多样化,但在日常生活中,无论是普通电视的操作,还是数字交互式电视(digital interactive television)的控制,仍有许多环节需要进行改进。周恒(2010)采用以UCI的设计研究方法,根据呈现的结果分析现有电视交互操作中存在的问题;进一步将公众使用行为过程分为感觉、记忆和注意三个部分进行全面分析;同时,根据公众的使用行为结合压力感控技术,重新设计了电视交互方式。通过对电视机交互操作及遥控器操作两种不同操控方式的研究,不仅为电视多媒体产品(multimedia product)也为其他多功能的EP的交互设计提供借鉴。

如前所述,"薄"作为移动型数码产品(Mobile Digital Products,MDP)设计中一种独特的产品造型设计理念,是技术发展、工艺创新、审美变化的重要体现。能够发展成为具有"薄"的艺术特征的产品类型,是MDP造型设计发展的必然。苏晓梅(2008)以现代设计理论为指导,界定了"薄"的MDP造型语言的研究特性、范围及内容,并对MDP设计在技术与材料、生产工艺与人机工程学等方面的特点进行了分析;概括出了具有"薄"的设计MDP的主要设计特征;而信息化、数字化、智能化等产生的非物质设计给"薄"的设计提供了全新的信息挖掘设计空间。

台立钢(2008)针对产品创新设计中的问题,研发了基于产品实例种群的快速智能演化创新设计方法。该方法把生物基因工程技术、实例推理技术与演化计算技术相结合,并把相关原理融为一体,梳理出了产品设计的流程与途径,构建了产品功能、原理和结构3D视图映射产品模型,具体地通过面向对象方法(Object-Oriented Method,OOM)予以实现。张家访(2012)把3D实体造型CAD软件与机械系统动力学分析软件ADAMS平台相结合,通过两软件平台的交互使用,研发出了注射液杂质全自动智能灯检机的虚拟样机,全面地检验了设计机构的科学性与合理性。

余雄庆等(2014)把适应性设计理念予以拓展,强调设计者要预先为后续产品设计应用新技术留出创新空间,灵活应对了飞机概念设计中的一系列不确定性因素。胡翩(2014)构建了多要素为目标的PCD优化数学模型,运用非支配解排序的多目标进化的改进算法予以解算,最终获得了船舶概念设计多目标问题的解决方案。魏成柱等(2017)在相关典型试验和 CFD 手段支撑下,探索了高速无人艇船的多种性能,为完善 PCD 过程模型中,如何满足人的需求与展现文化与美学要素探索新途径。孟祥斌(2017)拓展了功能-行为-结构概念设计过程模型,通过从工程学角度梳理产品语义学的基本原理与内涵特征,提出融合语义学的 PCD 过程模型,进一步研发了普遍适用于工业及消费类产品的通用 PCD 过程模型。

目前,各类产品的新特征层出不穷,主要表现在特定类型产品的功能不断增强,复杂性趋于增加,更新周期缩短,而且消费者对于产品可靠性、安全性、适用性、时尚性与性价比的要求更高。针对传统的产品设计,设计者常常基于以往的产品设计经验,主要运用相关学科的原理,以及力学、数学、制图学所形成的设计经验等基础信息与资料积累,作为研发新产品设计的主要依据,通过一系列定量分析方法,在传统技术支撑下完成产品设计。众所周知,传统 CAD 对于不确定信息的处理能力不足,致使设计过程及结果存在一定不确定性。针对机械产品类型设计的合理性、有效性与可靠性问题,刘锋国(2007)采用模糊推理和证据组合原理,对其技术参数属性中不确定的信息进行了有效处理,获得了设计所学的基本信息,保障了设计的科学性。

随着复杂性的不断增加,如何实现多域复杂 MEP 的自动设计具有挑战性。在现实产品功能需求中,用户往往提及的是产品总体性的功能需求,而总体功能的实现是由部分功能的实现为前提的。而将产品总体功能分解为不同的小功能,并通过相应的产品构件实现,是多域 MEP 系统设计过程中的核心。基于人们对 PD 的此种认知以及产品功能知识的表示方法,孙忠飞(2012)提出了产品系统设计的自动化功能分解解决方案。通过功能分解方式,设计者可以从大量的原理解中遴选出具有创新原理的设计方案。王军(2009)阐述了 MEP 的概念设计阶段机构的功能表示方法、运动规律及原理设计等问题;不但构建了产品总功能模型库及功能元知识库,而且还建立了功能映射知识库和机构知识库,全面地应用于 MEP 的设计管理。MEI 技术的迅速发展已使 MEP 的个性化、柔性化、智能化成为机械产品的重要发展方向。

目前,PCD 阶段更加注重设计的整体性、功用性与创造性,概念设计阶段酝酿形成的设计方案的创新性层次愈高,则后续设计的效果就可能更加完美。PCD 自动化技术是实现 MEP 快速创新设计的基础。复杂 MEP 的 PCD 是以多种要素相互关系为特征的一体化设计过程,包括了多种功能之间的耦合关系和约束机制(周小勇,2006)。深入挖掘产品的功能,并进行创

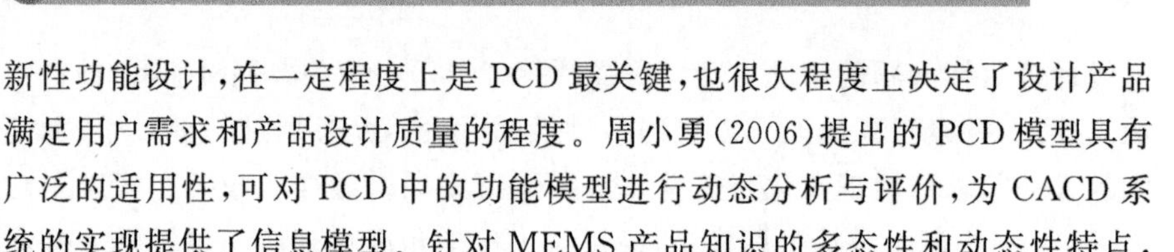

新性功能设计，在一定程度上是PCD最关键，也很大程度上决定了设计产品满足用户需求和产品设计质量的程度。周小勇(2006)提出的PCD模型具有广泛的适用性，可对PCD中的功能模型进行动态分析与评价，为CACD系统的实现提供了信息模型。针对MEMS产品知识的多态性和动态性特点，胡伟(2012)提出了面向MEMS的PCD多模式实例检索与评价方法及框架，在此前提下，针对产品实例特征，提出了基于正态模糊集和二元语义的MEMS模糊评价方法，实现了MEMS产品设计知识的有效共享与重用，提高MEMS产品概念设计效率及质量。

4.1.2.2 特殊人群产品设计应用

情感需求是社会文明进步的重要体现。在当今社会人们更加注重产品功能之外的情感需求。正因如此，情感化产品更加关注人们的内心情感和精神需求，这也更能反映当代人的文化素养与生活追求。基于当代产品设计中的情感表现特征，产品设计者挖掘情感化设计(emotionalized design)的内涵，对于产品设计与使用具有重要的现实价值。产品人性化是产品设计的重要方向。研究产品人性化设计的目的是为了寻找赋予产品个性的有效实施方法，从而满足人们的精神需要。

情趣感体现了特定时代背景下人们的文化情感与情感共鸣和趣味性体验，也反映了人们追求愉悦及快乐的心理特征。人们对于情趣化产品的解读是具有差异性的，但不管怎样，人们的情趣总是随着历史、文化、社会、科技以及PD的不断发展而处于动态变化状态，并形成了千变万化的情感体验与情感表现方式。一方面，科技领域的发展极大地拓展了设计领域的创造性，另一方面，社会快捷环境对人的精神压抑促使人们审视自我价值实现的主体性意识。在日新月异的新时代，人们的生活方式与消费观念更加趋于重视个性满足、精神愉悦及生活情趣，设计者也必然要适应这种现实需求。在此情感氛围下，兰娟(2004)挖掘了情趣化概念的内涵特征，并将情趣化概念与趣味、情感、审美、体验、个性化与人性化等概念进行了分析比较，梳理出了可用于产品设计的情感化要素。无论针对哪方面产品设计，将实用技术与独特风格，强大功能与人的情感友好地结合，能够在现实产品中体现对人的关爱。以消费者为中心，兰娟(2004)提出一套多层次的情趣化产品设计原则和方法，力图满足情趣性方面的大众化需求。

裴学胜等(2014)针对老年产品(Products for Aged People，PAP)设计时主要考虑的问题，特别是运用人机工程学设计原理，对老年人使用的洗浴机构进行了系统地分析设计，主要表现在结构细节的设计方面，如合理确定相关机构尺寸，保障老年人洗浴舒适感与护理需求。同时，精心体味老年人洗浴时的心理需求,保障人机工程设计的舒适性;合理地设计了个人卫生护理机器人的外观造型,在AI理念与技术的背景下,为护理机器人的人机工程设计提供了新思路。产品设计受制于诸多原则的约束,对整体的产品设计而言,无论是功能性、易用性与安全性原则,还是情感化及模块化原则,都需要通过产品特点去体现;李雪莲(2014)全方位地对老年人专用智能轮椅的功能、外观及人机界面,进行了创新设计,充分体现了老年人的生理与心理特征与需求。

EP与人们的日常生活密不可分,针对儿童电子产品设计(CEPD)与研发也备受重视。杨祎雪(2012)以体验性设计思想作为CEPD出发点,从体验设计角度对体验性儿童电子产品(CEP)的特性、体验性CEPD要素、体验性CEPD原则及表达途径进行了深入的研究与分析,设计出了具有一定活力与感知力的体验性儿童电子书包。同时,杨祎雪(2012)进一步探究了体验设计理念,阐述了认知心理学、人性化设计和交互设计在指导体验设计中的地位与作用。体验设计具有多层次多方面的应用,CEP中对儿童的影响和CEP体验性特征具有一系列特征表现,这些特征都直接或间接地影响到产品设计的合理性与情感表达。杨祎雪(2012)进一步以体验设计对儿童和CEP潜移默化的影响为源,凝练出了功能、形态、结构、色彩、材料、交互界面六方面CEP体验性设计要素;提出了基于安全性、启智性、互动性和娱乐性的CEP设计原则,构建了CEP在感官层面、情感层面及行为层面的综合性体验表达途径。特别是在整个设计过程中,从造型、色彩、材质等方面体味儿童体验感受,获得概念设计方案,进一步丰富和完善CEP体验性设计的原理与方法。郝晶等(2015)强调设计者在开展儿童APP设计时,应重点分析儿童的认知特征及生理特征,挖掘体现儿童心理需求与喜好的图标设计信息,并作为总体设计的重要参考。

针对人体皮肤对特定产品的感觉,运用材料学、人体工程学、造型语义学的原理与方法进行产品设计,该设计是产品的触觉设计的重要特征。按此理念使设计者能够设计出来更加人性化,特别是能带给人们精神及心理上的快乐与喜悦。需要提及的是在盲童产品设计方面,需要更为细致地满足盲童靠触摸感知物质的特征,真正体现出盲童在使用产品时的无障碍和心理上的满足感,因此,灵活地运用触觉设计具有极大的社会需求与人文需要(张静等,2015)。

总之,概念设计关系到产品的成败,不管哪一类产品的概念设计,都需要进行大量的调研,多角度、多层次地感知产品设计信息,并逐步抽象为产品设计的要素,科学合理有效地体现在具体的设计方案中。

4.1.3 产品评价方法特点

PD的评价是一项复杂性的工作，基于数理逻辑以及设计美学、设计心理学等学科原理，在产品设计评价领域已经形成了一系列评价的方法，可供评价产品的结构、功能及其社会经济效应。

模糊决策评价法(Fuzzy Decision Assessment method，FDA)在许多问题的综合评价中，具有有效性，也是评价不同方案的有效方法；通过评价，可以获得不同设计方案的定性与定量评判信息，以便改善设计方案，提升设计效率，满足公众需求。李久宏(2001)提出了变换运动形式类机构的串联组合模式的多种求解算法思路。在方案评价过程中，为避免评价指标权值赋值时人为影响的不确定性，把AHP与模糊综合评价法(Fuzzy Comprehensive Assessment Method，FCAM)相结合，获得了理想的效果。辛兰兰(2012)根据生命周期环境影响评价理念，提出了以绿色特征为基础的MEP方案设计信息的表达方法，并应用C#编程语言及SQL Sever数据库技术，进行了绿色设计软件系统的开发。从LCA概念入手，李芸等(2016)从LCA的角度阐述EP生态设计的概念及其与传统PD的差异性；探讨基于LCA的EP生态设计具体策略，包括EP系统的生态辨识与诊断、EP系统EIA与比较、新型EP的生态设计与开发、EP系统再循环工艺设计。在PCL中，PD尤其是设计过程中的概念设计阶段，是实现可持续制造目标的具有决定作用的阶段。然而，将与PCL相关的复杂环境因素结合到PCD的不同过程中，支持产品设计者做出有利于实现产品可持续制造的设计决策。据此，王文渊(2007)梳理了产品全生命周期(Product life cycle，PLC)中的环境因素与PCD的关系，研发出了产品设计者对所设计产品概念的环境表现进行预评估的PD方法；并从研究如何应用设计理论解决PCL中所产生的环境问题入手，阐述了在面向可持续制造的PD研究中所遇到研究难点及应对方法策略。显然，基于LCA技术的PD新方法，可以帮助产品设计者了解选定产品在环境表现方面的局限性，提前做出预案；同时，启发设计者对现有产品的再设计与提升新产品的环境优越性，具有重要的参考价值。基于PLC理念，吴方茹(2012)在ANP的基础上，构建了模糊优选评价法，用以促进与维持通讯类EP的可持续性。设计信息抽象性、模糊性和层次性是产品设计过程中信息的普遍特征，在研究设计信息的基础上，谢清(2008)把定制产品(custom products)功能—结构映射原理、方法及关键技术相结合，并应用到了PD过程中，提升了设计质量及效果。

如前所述，PCD对产品的最终设计质量和特性具有重要的影响。PCD

方案的选择所隐含的模糊性、分布性等特点，预示着该过程是一个复杂的协同决策过程。张俐(2010)基于协同设计理论、知识重用理论和模糊集理论(fuzzy set theory)，把协同评价模型、FDA 与决策支持系统(DSS)的构建相结合，构建了基于合作度与专业度的协同评价模型，合理地避免了决策者对产品设计目标的认识差异及决策偏好，以及可能对产品评价结果造成的偏差。

用户的需求偏好直接反映了产品受众与市场的特点。充分考虑用户对概念设计方案的需求偏好，直接关系到设计产品的综合效应。杨涛等(2015)提出一种基于客户聚类分析(cluster analysis)的 PCD 方案评价决策新方法。其主要特点是基于用户对各设计方案的需求偏好信息，设计者、管理者或产品利益方利用图论工具，对无向图连通子图的输出完成需求偏好相似用户进行聚类分析；采用优势数分析的方案评价排序方法，进行最优 PCD 方案的评价决策。

管虹翔(2006)把 QFD 对设计过程的管理能力与 TRIZ 方法对设计者思路的提示能力相结合，实现了产品 R&D 的技术评价，提升了产品的开发效率。

4.2　EPCD 的一般方法途径

4.2.1　设计方法的内涵特征

设计方法学(design methodology)是研究设计规律、设计程序及设计过程中思维和工作方法的一门综合性学科。在凝练设计规律、启发创新的基础上，以系统工程的观点分析设计的流程与设计手段，促进现代设计理论、设计方法、设计手段和设计工具在设计领域的综合运用。设计方法学的研究涵盖了如下内容：其一，研究各种现代设计理论和方法，推崇 PD 的科学化与标准化。其二，梳理设计过程及阶段任务，探索设计模式与开发策略。其三，构建设计问题的逻辑步骤，规范设计流程的技术途径。其四，开拓创新思维规律，引导创新技法运用。另外，当代设计方法还包括了各种类型设计分析与针对性的设计，研发设计信息库与研究产品的 CAD 等方面内容。

设计方法学涉及可行性设计、最优化设计以及系统设计等不同发展阶段。由于技术的发展和产品竞争的日益加剧，进一步促进了理念创新、技术创新与方法创新，把设计方法学的研究引向深入。

4.2.2 PD的心理学现象

锚定效应(anchoring effect)指人们在对客观事物进行判断时，易受第一信息支配，恰似沉入海底的锚一样把人们的思想固定在某处；它在产品设计、制造、营销过程中，具有一定的导向性。有了昂贵的限量版衬托，其他商品的价格反而变得更加具有亲和性。

不同的商品，其不同的颜色带来的效果也是不同的。颜色具有一定的重量感；颜色也会给人收缩与膨胀的感觉。暖色让人更加激情澎湃、感受到更高的温度，冷色让人冷静。但是暖色也是膨胀色，暖色物品在心理上感觉更大，亮度越高也越显得膨胀；冷色是属于收缩色，人们看起来心理上觉得更小，同时，亮度越低越收缩。在设计上也是同样的道理。因此，理解大众的心理，再反馈到我们的PD上，两者相辅相成，成为一款优秀产品的重要要素。

4.2.3 产品设计的方法

4.2.3.1 组合设计

组合设计(combinational design)是模块化设计(MD)的别称，是现代设计的热点方面。其主要特征是将特定产品统一功能的不同单元，设计成可以互换选用的模块式组件的一种设计方法。该方法的核心是要设计出一系列的模块式产品组件，以满足产品组合与组装的要求。为此，设计者要从功能单元着手，研究模块式组件应包含的零件、组件和部件，同时，还要研究每种模块式组件的具体需要数量等。在竞争日益严峻的背景下，模块式组件具有广阔的发展前景；大多数制造厂家都生产多种产品，而组合设计则是解决这个问题的有效方法之一。

4.2.3.2 计算机辅助设计

前已提及CAD是运用计算机的相关功能实现特定产品和工序的设计。产品设计不仅涉及产品各部分的数量关系，而且涉及产品的外观形状，CAD均具有一定的辅助性作用。设计计算是利用计算机进行基于工程和科学规律的计算，为使某些性能参数或目标达到最优，常常需要应用优化技术进行辅助计算。该方法是EPCD等设计的重要方向，对于完善设计结构，推出设计精品，提升设计质量，实现设计智能化、数字化及信息化具有重要意义。

4.2.3.3 面向可制造与可装配的设计

目前，设计理念随着需求增长不断地完善与创新。为了避免传统设计过程中，设计者与制造师之间信息沟通不畅可能对产品D&M造成的负效应，在实践中设计者与制造师协同创新，面向可制造与可装配的设计运用而生。这是设计的重要组成部分，也是实现产品设计理念与功能，满足以人为本，用户至上原则的重要环节；只有每一环节达到诸多方面理想的目标，最终的产品设计才可能真正达到预期的目的。

4.3 设计心理学的方法途径

4.3.1 设计心理学的方法类型

前面已讨论了心理学原理与PD的关系问题；心理学在产品R&D中不是设计者的独立意志过程，而是包容共同特性实现PD目的的心理过程。相关心理学的理念在一定程度上直接或间接地对于产品设计具有制约和影响。

设计心理学方法，具有不同的类型，各种方法适用于不同的PD或者R&D工作，如表4-1所示。

表4-1 设计心理学的主要设计方法

序号	方法名称	方法内涵	主要特点
1	观察法	在自然条件下，有目的、有计划地直接观察研究对象的言行表现，分析其心理活动和行为规律的方法；核心是按观察的目的，确定观察对象、方式和时机。观察记录的内容包括观察的目的、对象、时间，被观察对象言行、表情、动作等的质量、数量等，另外还有观察者对观察结果的综合评价。	心理学的基本方法之一，主要有自然观察及参与观察。前者强调在自然情境中对人的行为进行观察，其特点是对所观察的行为尽可能少地干预。后者指观察者与被观察者之间存在互动关系，即观察者作为被观察者群体的一员进行的观察。优点是自然，真实，可行，简便易行，成本低。缺点是被动等待，表面性与内在性存在一定不确定性。
2	访谈法	研究者通过与研究对象进行口头交谈来收集资料的方法。通过访谈者与受访者之间的交谈，了解受访者的动机，态度，个性和价值观的一种方法。	有结构访谈与非结构访谈，直接访谈与间接访谈等不同类型及特征。
3	问卷法	事先拟订出所要了解的问题，列出问卷，交消费者回答，通过对答案的分析和统计研究得出相应结论的方法。	标准化程度较高，整个过程严格按一定原则进行，可保证准确性和有效性；避免主观性及盲目性；能在短期内获得大量信息。目的性、全面性、非歧义性及非暗示性原则是设计问卷的客观要求。
4	实验法	指在控制条件下操纵某种变量来考察它对其他变量影响的方法。	主要有实验室实验法或者自然实验法。

续表

序号	方法名称	方法内涵	主要特点
5	案例研究法	通常以某个行为的抽样为基础，分析研究一个人或一个群体在一定时间内的许多特点的方法。	能够给研究者提供系统的观点；尽可能直接地考察与思考，并建立深入和周全的理解。难以对发现进行归纳，耗费时间与人力，具有技术局限性与研究者的偏见等。
6	抽样调查法	从研究对象全部单位中抽取部分单位进行考察与分析，并用这部分单位数量特征推断总体数量特征的方法。	样本数的确定及如何抽样至关重要。可以采用概率抽样或非概率抽样进行具体研究。

注：据李彬彬(2013)《设计心理学》修改。

设计方法论问题关系到产品设计的理念实现的方式与途径等诸多问题，也是设计实现的重要环节。在郑建启《设计方法学》的“思维篇”中，揭示了设计思维与方法的基本原理和规律。而郑建启(2006)在“方法篇”中，进一步从艺术设计的基础出发，侧重于视觉传达设计、工业产品设计及环境设计等方面，剖析了运用科学方法增进创造设计的可行性。郑建启(2006)强调了关于形态的理解、造形原理、形态设计的来源等问题，阐述了工业产品设计方法；最终分析了现代产品系统化特征，系统科学方法与综合系统、信息、控制论的设计方法的关系；在此基础上，预示了人类将走向多元的设计时代。

4.3.2 设计方法及其程序步骤

设计方法及其程序步骤与设计原理密切相关，与技术工艺也密切相关，从一般意义而言，设计方法基于设计者、使用者及管理者等的特点，贯穿于产品 R&D 以及 D&M 的过程中(图 4-1)。

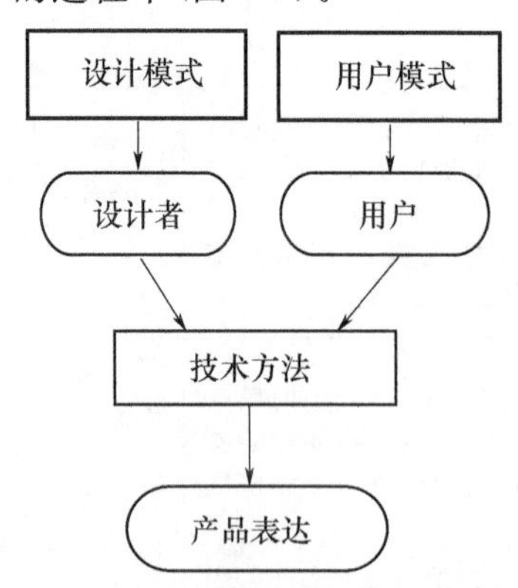

图 4-1　产品研发过程中设计方法的逻辑关系

在设计方法研究领域，有诸多成果值得借鉴。Eric Kar jaluoto 的成功实践凝练而成的《Design Method：A Philosophy and Process for Functional Visual Communication》（卡扎罗托著，张霄军译），梳理出了视觉传达（visual communication）的内涵与可行途径，见表 4-2。

表 4-2　设计方法的若干问题

序号	设计程序（步骤）	主要问题
1	创作误区，拨云见日	误区 1：设计是艺术的“兄弟姐妹” 误区 2：创意是存在的 误区 3：与众不同即为好 误区 4：必须寻找灵感 误区 5：才华非常重要 误区 6：设计是一种生活方式 误区 7：自我表达很重要 误区 8：设计师比客户聪慧 误区 9：设计师是受众 误区 10：奖项的价值 误区 11：创意人士不应被规则束缚
2	针对目的，创造设计	功利主义追求 形式遵循功能 设计有用的作品 实现适用性 发现可能 设计无处不在
3	全盘考虑，有条不紊	全盘考虑 设计变得凌乱 草率决定，自食苦果 切忌跟风 系统左右设计 面临的诸多问题 确定设计系统中的关系 交互设计的借鉴意义 组织信息 在系统中思考视觉问题 释放自我 优秀设计离不开系统
4	设计方法，行之有效	呈现设计方法 设计方法的几个阶段 设计方法的由来 漏斗方法 唯一概念方法（或设计方向） 设计方法的运用 在不同情境下的设计方法论

续表

序号	设计程序(步骤)	主要问题
5	发现阶段:沟通理解	发现即知识 进入陌生的领域 假设你是错的 开始问问题 掌握基本信息 获取第一手材料 安排与客户和负责人的讨论会 发现潜在的问题 了解受众 采访顾客和用户 认识到人们说与做的差异 调研竞争对手 研究相似的公司机构 考察现状 注重细节 始终寻找机遇
6	规划阶段:选择决定	设计即规划 制定明智的计划 设立目标和目的 决定策略 凭直觉行事 形成计划 为交互做准备 开发用户角色模型 情景、用户故事和范例 画个流程图 规划网站地图 开发内容清单 创建线框图 明确内容策略 警惕影子计划 挑战自己的方案 提出建议 精编创意简报 让设计项目一直向前推进
7	创意阶段:勾勒想法	创意难题 做一个有条理的设计师 开展创意工作的一些关键原则 考虑基调 如何产生想法 产生想法突破创意局限 编辑你的想法 记录创意概念 创意评估 确保设计方向与样式板相匹配 培养合作过程 获得客户的认可

 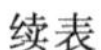

续表

序号	设计程序(步骤)	主要问题
8	应用阶段:制作完善	创意方向指导创意实践 迭代:一个改良完善的过程 创建原型 解决障碍 使用占位符和实际内容 确定 DNA 向客户展示设计原型 测试你的方法和原型 分析测试结果 不断完善作品 让设计成型 留意创意简报 对细节持谨慎态度 准备检查清单和追踪问题 在项目完成之前发现错误 准备发货
9	面向客户,彰显创意	与客户互动,迈向成功 不要中伤客户 客户的实际情况 良好的沟通(或许是过度的沟通) 参与决策者 定义角色 编辑工作 准备演示 跳过"惊险的"揭幕 如何做演示 避免客户对创意作品提前做出判断 向大型机构演示创意作品 记录规划、想法和设计
10	创意实践,井然有序	你是专业人士还是业余爱好者? 职业设计师的一切要有序 定义流程制度 复制成功的流程 会议与商谈 工作流程中的任务传递 按时提交设计作品

注:据 Eric Kar jaluoto 著,张霄军译《设计方法》修编。

4.4　EPCD 及评价方法途径

4.4.1　EPCD 的思路

本研究以电子产品的概念设计作为重点,探索计算智能技术背景下的

EPCD方案生成方法，基于EPCD过程的一般理念，研究不同评价指标状态和已知条件下的概念设计方案的评价问题，目的在于进一步完善EPCD的方法体系，提升概念设计的水平与效率。

电子产品类型多样，用途各异，但它们有着相似的概念设计思路及途径。本研究重点以科教电子产品(EEP，如U盘等)等为对象，研究EPCD的思路及途径等问题。EPCD的产生过程是设计部门、市场调研部门与技术研发部门共同参与的意向复杂活动，设计者根据具体的设计要求，在设计调查和问题分析的基础上，通过草图构思、模型构建等一系列手段，将不同理念指导下通过不同方法产生的多种电子产品设计方案表现出来的过程(如图4-2所示)。

EPCD的过程是一个发散思维和创新设计的过程，或者说EPCD是一个求解产品预期功能、满足技术和经济指标可能存在的各种方案，获得综合优化方案的过程(成经平，2003)。如前所述，概念设计是设计工作的前期过程，是详细设计的前提和基础；在EPCD中，从分析用户需求到生成概念设计方案，是一个逐步精细化的推理与决策过程，也是一个从模糊到清晰的演变过程。在对一个项目进行评估，或者在一组项目中进行选择时，通常会从多个角度进行观察和分析。由于被考察的多个项目目标反映了问题的不同层面和角度，使得难以用统一的标准对其进行度量，因而难以直接对不同子目标的优劣进行比较，本研究采用AHP和Fuzzy评价法对电子产品在概念设计进行评价分析，使评价过程更加客观和精确，在一定程度上可以解决EPCD结果主观判断而产生的不确定性等问题。

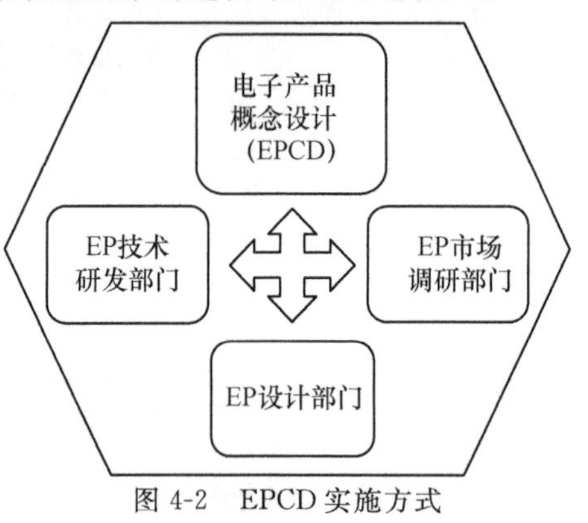

图4-2 EPCD实施方式

概念设计的前期主要是确定设计理念，构思设计思想；同时，还需要发挥设计者的形象思维和抽象思维能力，形成创新思维并产生创新灵感。后期主要是确定功能结构，构思实现途径和方法；设计者还需要进行逻辑思维，并形成具体可行的方案(邹慧君等，2003)。目前，基于各类电子产品设计的新颖创意层出不穷，特别是随着人们对电子产品功能要求的日益提升以及大众审美观念的不断增强；人们更多的是对于电子产品外观、材质、工艺乃至色彩、个性等方面的多样化要求，在这些需求的协调作用下，更高的审美要求成为电子产品的内在特征之一。图4-3展示了概念设计的构架。

从电子产品所要发挥的功能而言，EPCD 需要注重功能是其基础。现实当中，许多电子产品部件的形态都是由其用途确定的，并在一定程度上表现出整件或局部的功能，这在一定程度上也是电子产品形式与内容的统一。在 EPCD 中，优美的外观一定对于产品营销是有益的，随着人们对绿色、环保、低碳理念的不断认同，基于仿生学原理的概念设计更能在审美情趣方面给人以享受，并在一定程度上能起到形象、逼真、有趣、生动、简捷、美观等多种作用。同时，EPCD 需要展现的内涵还包括了人体工学的因素和产品的美学含义。随着社会的进步，人们的消费理念与审美情趣发生了变化，现代电子产品的外观设计也是愈加趋向个性化与绿色化。目前，EPCD 结合了色彩学和心理学在外观方面引导用户的购买倾向，丰富的外观造型变化能适应不同职业、不同人群的审美喜好，使用户有更多的选择空间。

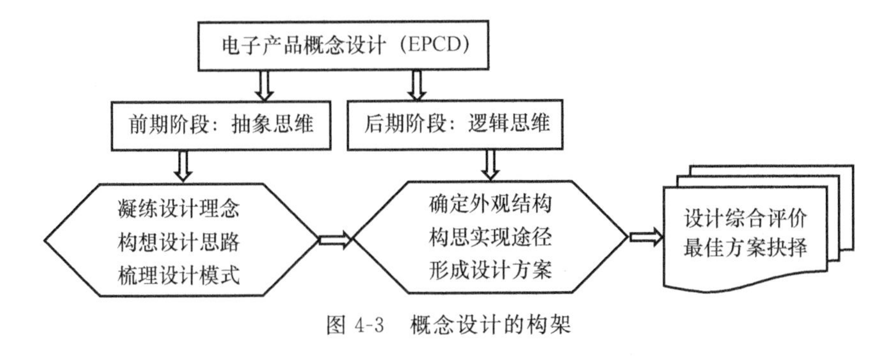

图 4-3　概念设计的构架

4.4.2　EPCD 的流程

在整个电子产品开发体系中，不仅要把握产品功能及工艺方面的因素，还要在技术、市场等多个方面做出正确判断，产品开发是一系列开发活动的整合，包含了产品构想及技术实现等一系列主要内容。

从概念设计过程而言，概念设计具有一定的层次性与规范性，同时，又常常体现出多样性与创新性的特征（郑海航，2015）；概念设计的一般工作流程如图 4-4 所示。

概念设计目标的实现，需要概念设计模型的支撑。目前已建立的形式化模型及认知模型是概念设计过程模型的重要类型。形式化模型可以提高产品设计的效率，但在某种程度上限制了产品的根本创新性（Kusiak et al.，1992；刘小莹等，2009）。EPCD 在产品开发中具有重要作用，并体现在电子产品研发的相关过程中。表 4-3 反映了电子产品概念设计与产品结构、功能、技术、工艺、市场以及用户等要素的联系。

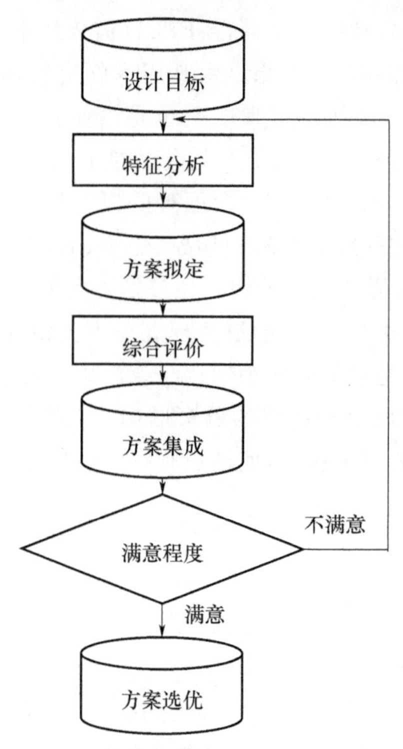

图 4-4　概念设计的一般工作流程

表 4-3　EP 开发程序中的一般设计工作

设计要素调研				设计构想确立				设计创意实现			
产品构想	市场特点	用户需求	竞争态势	总体理念	概念模型	产品结构	工艺设计	美学价值	设计变量	实体模型	技术实现

4.4.3　EPCD 评价的一般模式

针对 EPCD 理念及其评价中的问题，在充分了解 EPCD 关键技术的基础上，结合 AHP 及模糊评价方法，对 EPCD 方案进行评价。首先，开展 EPCD 的理念分析。根据产品概念设计的目的，针对 EPCD 过程的外观性、经济性、实用性、环保性，可操作性等特征，结合多目标决策方法，确定最优的产品设计理念。其次，进行 EPCD 的过程分析，重点针对 U 盘等教育类电子产品，探讨 EPCD 方案生成推理和方案评价问题。特别是基于概念设计的相关创新理念，探讨计算机辅助概念设计(CACD)等功能性软件在 EPCD 中的应用。在前面研究的基础上，对 EPCD 的效应进行评价。针对 EPCD 中的问题，构建 EPCD 评价指标体系，应用 AHP 方法，结合多目标进行合理性及科学性等综合评价。EPCD 及评价的技术路线如图 4-5 所示。

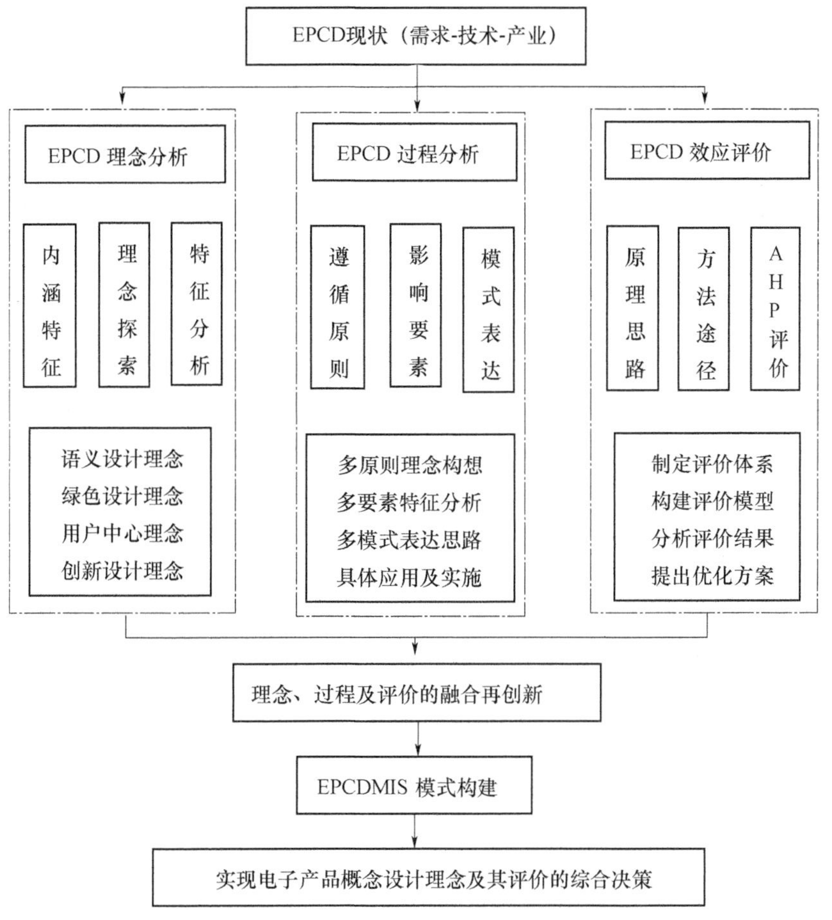

图 4-5　EPCD 及评价技术路线图

基于上述流程模式，分析与评价 EPCD 的合理性、科学性、新颖性、文化性等特征，可望达到 EPCD 的理想效果。

第5章　新技术与产品设计

5.1　现代设计领域新技术

设计新技术是在传统设计的基础上，吸纳现代各类新技术与产品设计过程的技术。与产品设计相关的当代新技术不但包括了AI技术、信息技术、网络技术、新材料技术，也包括了低碳技术与管理技术，这是产品设计新理念与新方法的基础。目前，从设计过程而言，已从传统的功能设计扩展到PLC设计；从设计组织方式而言，已由传统的顺序设计方式转变到并行设计方式；从设计手段而言，已从传统的手工设计趋向CAD与协同设计等。从另外的角度而言，设计新技术体系包括了创新设计技术、绿色设计技术和数字化设计，设计新技术既继承了传统设计的规范性、严谨性，又充分体现了现代设计的集成化、数字化和智能化。

王国强(2006)所著的《现代设计技术》将基础理论、工具软件及工程实例密切结合，使同行人士全面地体会与感悟现代设计技术的实质内容及工程应用技巧(见表5-1)。

表5-1　现代设计技术

序号	设计技术名称	具体方法途径
1	优化设计	基于导数的优化算法(梯度法、牛顿法、共轭梯度法)，非导数优化算法(随机方向法、复合形法、遗传算法、模拟退火算法)，优化设计工具软件(MATLAB)等
2	有限单元法	有限单元法分析的基本步骤，一维问题的有限单元法，平面问题的有限单元法，空间问题的有限单元法，有限元分析计算机程序等
3	可靠性设计	可靠性设计的基本概念(可靠度与失效概率、失效率、平均寿命、可靠寿命、维修度等有关尺度、有效度、重要度、经济指标)，零件的可靠性设计，系统可靠性设计(串联系统可靠性、并联系统可靠性、串并联系统的可靠性、表决系统的可靠性、贮备系统的可靠性预测、复杂系统的可靠性、系统的可靠性分配等
4	虚拟设计	虚拟设计的关键技术(建模技术、基于知识的虚拟设计)，虚拟设计软件
5	模糊设计	模糊集合与隶属函数(模糊集合、隶属函数)，模糊优化设计(对称模糊优化设计)，模糊可靠性设计

续表

序号	设计技术名称	具体方法途径
6	人工神经网络	神经元模型，静态多层前向网络，基于MATLAB的神经网络的设计（感知器神经网络的设计、线性神经网络的设计、BP神经网络的设计），人工神经网络在工程实际中的应用
7	绿色设计	绿色设计的内容与方法及构建技术，绿色设计工具及绿色设计的原则
8	并行设计	并行设计的关键技术（并行设计的建模与仿真、多功能团队的协同工作、产品数据交换技术、产品数据管理（PDM）、面向应用领域的设计评价技术（DFX））
9	反求工程技术	反求工程的基本概念，反求工程技术的相关内容（反求工程的设计程序、反求工程技术的研究内容、反求设计对象类型）

注：据王国强（2006）修改。

随着设计技术的发展，产生了一系列的设计新理念与新方法，并将引导设计者用新观点、新原理、新技术来设计新产品，满足社会发展与人民群众的现实需求。

5.2　技术创新与产品设计

5.2.1　AI与PD

在人类科技发展的历程中，人类的创新性活动，都是在人类智能的支配下实现的。如何更好地为人类的各种生活与工作活动提供智能服务，是AI的重要特征及研发方向，也在一定程度上成为PD的重要驱动力。AI涉及诸多学科的领域，无论是数学、社会科学，还是仿生学等学科，都蕴含了较强的信息处理、数据分析与识别文字等能力，都支撑着AI的发展。把AI有效地运用于EP的D&M过程中，能够提升EPD与生产中的自动化水平以及系统设备运行的实效性、安全性以及可靠性。AI的发展正在驱动人类科技、经济、社会、文化、军事等领域的创新发展，正因如此，许多国家高度重视AI科学技术的研发工作（钟义信，2017）。AI可以说是具有一定感知、认知、决策和执行能力的人工程序或系统，目前，人们对AI在相关行业领域所表现出来的神奇效果，已有不少了解。从“阿尔法GO”与人类的围棋博弈中胜出，到2016年中国春晚的机器人惊艳亮相，以及GOOGLE、百度无人车（unmanned-vehicle）上路行驶，AI越来越多地被人们所熟悉。了解智能的实质，帮助人们R&D、D&M与人类智能相似的模式的智能机器，是AI研发

与创新的重要驱动力。AI 研究领域在当代科技支撑下得到了空前的发展与繁荣。目前,AI 的研究领域十分广阔,无论是在语言识别(speech recognition)、图像识别(image identification)与自然语言处理(natural language processing)领域,还是在专家系统(Expert System,ES)和机器人(Robot)领域,AI 已超越了普通人的想象。未来基于 AI 技术的科技产品,有可能实现人的意识和思维信息过程的仿真模拟,AI 也可能超过人的智能(王皓,2017)。

从理论与实践而言,逻辑推理、问题求解、理解自然语言与证明定理等热点方向,体现了 AI 的本质意义。由于 AI 技术能够帮助人们按照预期目标,制定设计方案、操作流程、编辑程序以及信息处理,实现信息资源的优化配置与实时共享。显然,AI 技术在 EP 的 D&M 中可以发挥最大的效用,促进其优化设计与智能控制。在实际应用中,由智能机器和专家共同组成的智能制造系统(Intelligent Manufacturing System,IMS),是技术进步与社会需求相融合的产物。周峰等(2017)分析了 IMS 的技术体系、参考架构和安全风险因素,提出了具有一定可操作性的安全防护策略。以 IOT 为基础,融合计算机技术,通信技术和控制技术等技术为一体,刘笑书等(2017)针对烟雾传感器(smoke transducer)、红外辐射传感器(infrared radiation sensor)以及玻璃破碎传感器的现实应用问题,研发了具有一定智能特征的楼宇智能监控系统,满足当代相关楼宇的信息化管理需求。

在信息化、网络化及数字化技术支撑下的智能制造(Intelligent Manufacturing,IM),是将 AI 引入到制造理论和生产实践的一种智能化产品制造技术。目前,IM 已成为提升制造业能力的关键所在。借助于 IM 技术,针对航空发动机协同设计与制造问题,陆波(2016)从数据集成、智能加工、组织协同与过程协同诸多方面,进行了系统性地探索。刘勇等(2017)重点从平台建设、顶层设计、关键技术、应用示范等方面,提出了发展 IM 的必要性,全面系统地对 AI 与 IM 等进行了探索。近年来,在电子技术与信息技术引领下,现代工程机械产品的数字化、信息化、网络化及智能化,获得了富有实质性的进展;具体表现在故障诊断与监控、精确定位与作业以及燃料燃烧控制和人机工程学等方面的突破与创新(李玉河,2016)。目前,探索智能仿真系统的智能建模、智能算法和智能接口的设计方法,成为智能设备研发的热点方向。在系统协同效应(synergistic effect)原理指导下,苏慧玲等(2017)采用帕累托多目标优化方法,构建了智能电能表离散型自动化检定协同运行平台方案。AI 涉及的领域发展迅速,相比较其他几种感官功能的人工模拟,AI 味觉识别研究起步稍晚,即使如此,为了解 AI 的关键味觉技术,向前

(2018)探究了味觉传感器、人工味觉以及电子舌技术，研发了交互感应传感器，并构建了传感器阵列，提升了AI味觉系统在技术的表达。

HCI技术的发展，促进了智能可穿戴设备的研发进程；目前，智能穿戴设备以其小巧时尚的造型、随身便携的特性、简单实用的功能设计，被诸多人群所接受。而且，产品多元化态势正在应用到人们的健身锻炼、老幼管护、休闲娱乐以及电子政务等方面。随着智能移动终端以及各种电子设备和智能穿戴设备的推广应用，在HCI的背景下，电子设备的制造工艺也愈加复杂化(邓海静，2017)。而电子设计自动化(Electronic Design Automation，EDA)技术的产生，又使得电子电路设备D&M规模化成为可能(孟繁卿等，2017)。技术快速发展带给人们便利舒适的同时，也可能带来意想不到的隐患与风险。裘玥(2016)针对技术标准、法律规范以及产品设计及应用问题，梳理出了可能存在的安全风险；并从整体规划、关键技术设计以及产品应用细节等方面，系统地提出了安全技术、管理模式及使用策略。IM技术不但涉及柔性制造技术、自动化装配与测试技术，而且还包括了自动识别技术、数字化数据采集技术以及信息系统集成技术。黄振林等(2017)通过多个系统的纵向无缝集成，形成智能化的PLC智能制造数字化车间，为离散、多品种、小批量的PD实施IM进行了成功的探索实践。

智能电子技术为新型智能家居技术提供了发展空间。谢嘉等(2018)实现了对家中家居执行装置进行控制的功能。在对虚拟设计技术、计算智能算法、人机结合方法及AI的综合分析的基础上，冯毅(2009)构建了开放式智能虚拟设计环境(Virtual Design Environment，VDE)与模式，解决了人机结合智能虚拟设计方法的集成块设计问题。具身人工智能(embodied AI)，即行为主义AI，与现象学对经典AI的评价与剖析密切相关。现象学(Phenomenology)关于人类智能的相关表征特征，在一定程度上转化为了具身AI的设计原则，促进了人类向着理解和模拟自然智能的目标前进了一大步(徐献军，2012)。

大型集成电路技术(integrated circuit technique)的创新，促进了微处理器在电子密码锁智能化方面的研发进程。任葛荣(2011)设计出了可编程智能电子锁控制器的硬件电路，开发了可编程智能电子锁控制器的软件，使其在安全性与可靠性等方面的技术内涵得以提升。目前，可远程控制的智能电子锁通过矩阵键盘模块、红外遥控模块、远程通信模块和显示模块来实现人机交互，从而使密码锁的操作更加便捷，安全性也更高(路永华，2016)。张明和(2009)研发的新一代无线智能电子卡系统也具有一系列的创新性。

秦爱梅等(2017)研发的特定场景识别系统，集成了AI视觉识别模块、光感模块和定位调制模块，识别效率和识别精度达到了理想的程度。郭珂

等(2012)基于AI和ES诊断方法、ANN诊断方法以及模糊诊断方法,系统地分析了各自的原理与特点,改善了传统诊断方法的局限性,有助于进一步研发具有智能特征的电子产品。

5.2.2 BD、CC与PD

当今世界信息(数据)极大的丰富,孕育了大数据时代(Big Data Era,BDE)。在BDE,数据的生产、加工、流通、处置与管理,均与人们的各类活动密切相关。未来社会当大数据(BD)和AI等科技逐渐趋于成熟时,由于INTERNET的加速发展,致使许多工业设计与原来的发展模式明显不同。针对数据快速扩张而建立的数据储存、管理、处理与共享的策略,云计算(CC)、云存储(cloud storage)也得以快速发展;而IOT则是将人类的行为、物品状态信息等收集起来,均存放在网络中的一种终端解决形式。将人类活动信息模式化、数据化和电子化的管理模式,影响着人类的价值趋向和知识体系以及生活方式(章翔等,2016)。当代移动互联网与智慧教育的发展,以BD为基础的个性化自适应学习(adaptive learning)将成为教育技术新范式,也将是BDE数字化学习的新常态(姜强等,2016),并对于各类PD的个性化设计与普适性设计提供借鉴。刘昕等(2017)根据实际数据经计算实验产生真正的虚拟大数据,把实际数据与虚拟数据以平行数据(parallel data)的概念进行处理,为数据处理、表示、挖掘和应用提供了新的范式。

目前,网络边缘设备急剧增加,从网络边缘设备传输海量数据到云中心产生了一系列复杂问题,CC相关技术也难以高效处理边缘设备产生的数据。为此,海量数据计算的边缘式BD处理应运而生(施巍松等,2017)。

目前,BD、CC等相关领域R&D不断深化,也出现了一些新趋势。人们围绕着CC创新在不断地探索。诸如网格计算(grid computing)与CC特征,信息服务集约化的支撑作用,计算资源的虚拟化组织以及资源合理配置的利用率等CC的核心技术。与此同时,从软件工程、HCI、计算设施演化等方面,剖析CC热点;围绕网络智能交互作用,探讨虚拟化、云安全和标准化问题。相关综合思考与研发工作,对于利用CC达到资源优化配置,实现绿色计算,完成高端服务器和虚拟集群的建设至关重要;同样,也能够启发与促进复杂背景下的产品设计与产品研发的进程。

5.2.3 数字化、CAD、3DP与PD

不同于传统设计的数字化设计(DD),是以先进设计理论和方法为基础,以数字技术为工具,实现PD全过程的数字化表达、处理、存储、传递及控制的产品设计模式与途径;DD 的主要特征表现为设计过程的信息化、智能化、可视化、集成化和网络化。DD 主要关注产品方案设计、产品性能设计、产品结构设计、产品工艺设计中数字化问题;并通过产品信息系统集成化的有效方法实现设计。

DD 是设计领域现代化的重要体现,与传统设计理念与方法相比,DD 设计理念与方法途径均发生了一系列的变化。围绕 DD 问题,许多专家进行了研究与探索。马雅丽等(2003)提出 MEP 的 DD 系统框架,结合 MEP 的 DD 研究现状,凝练实现 MEP 的 DD 迫切需要研究的若干问题,如基于数字化的 MEP 的特征识别与特征提取,MEP 特征描述与表达,PD 全过程的概念、图形、符号和矢量等综合运算;改变了以 2D 图形表达设计结果的表达方式,实现了 MEP 数字化表达以及 3D 实体表达。在实现 DD 的产品方案方面,通过运动特性提取以及知识的数字化描述与表达,建立基本单元及系统的 I/O 矢量间关系。随着科学技术的发展,诸多领域提出了全新的技术手段。

在数字化背景下,DSP 已成为 3C 类电子产品的基础器件,并成为 PD 创新的重要因素,将引发人们的工作、学习和生活方式的重大变革(戴敏,1999)。

借助于计算机及图形设备,能够帮助设计者开展产品设计,是计算机辅助设计(Computer Aided Design,CAD)的本质。在 CAD 过程中,不同方案的大量计算、分析和比较,以及最优方案的选择,都离不开计算机的支撑;大量的设计信息,都可以在计算机的存储空间存放;设计者将设计草图转变为工作图的过程,以及进行图形数据的编辑处理可以由计算机完成。

设计活动是产品 R&D 以及产品 D&M 过程中最为重要环节之一,目前,CAD,CAE(Computer-Aided Engineering)和 CAM(Computer-Aided Manufacturing)等研究领域已经取得了快速的发展。借助于 CAX 技术,构建与提升概念设计系统,成为在产品设计研究的热点。图 5-1 及图 5-2 从不同角度反映了基于 CAX 技术的设计理念与流程。

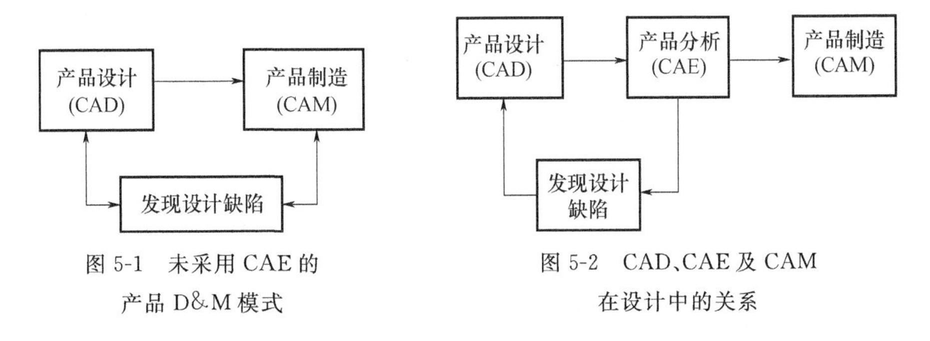

图 5-1 未采用 CAE 的产品 D&M 模式

图 5-2 CAD、CAE 及 CAM 在设计中的关系

在CAX的技术应用中，孙守迁等(2003)指出了计算机辅助概念设计(Computer Aided Conceptual Design，CACD)创新需要解决的关键问题以及需要突破的关键技术，并重点探索了智能概念设计技术、协同概念设计技术、虚拟概念设计技术以及需求驱动概念设计技术的特点，强调了从多个技术层面实现全面创新的必要性。宋慧军等(2003)构造了概念设计方案的知识表示模型，剖析了基于概念空间的概念设计方案生成过程。晏强等(2003)建立了设计过程数据模型，在产品设计相关的活动中，重点对产品数据、过程数据和过程管理数据进行各种操作与处理，已在基于过程的CAD软件原型系统中得以实现。信息化社会的发展，CAD、Internet、AI等越来越多的新技术运用而生，3D打印(3D printing，3DP)也不例外。3DP是一种以数字模型文件为基础，运用粉末状金属或塑料等可粘合材料，通过逐层打印的方式来构造物体的快速成型技术。3DP包含了许多不同的技术，并在整个产品D&M中发挥着不同的作用。3DP可以不同层构建创建部件，常用材料包括了尼龙玻纤、耐用性尼龙材料、石膏材料、铝材料、钛合金、不锈钢、镀银、镀金、橡胶类材料。表5-2反映了3DP技术的相关具体内涵特征。

表5-2　3DP技术的相关具体内涵特征

类型	累积技术	基本材料
挤压	熔融沉积式(FDM)	热塑性塑料、共晶系统金属、可食用材料
线	电子束自由成形制造(EBF)	几乎任何合金
粒状	直接金属激光烧结(DMLS)	几乎任何合金
	电子束熔化成型(EBM)	钛合金
	选择性激光熔化成型(SLM)	钛合金、钴铬合金、不锈钢、铝
	选择性热烧结(SHS)	热塑性粉末
	选择性激光烧结(SLS)	热塑性塑料、金属粉末、陶瓷粉末
粉末层喷头3DP	石膏3D打印(PP)	石膏
层压	分层实体制造(LOM)	纸、金属膜、塑料薄膜
光聚合	立体平板印刷(SLA)	光硬化树脂
	数字光处理(DLP)	光硬化树脂

注：网络资料：3D打印(简介、原理及技术)https://wenku.baidu.com/view/457c4f6d998fcc22bcd10de0.html。

宋长明(2017)梳理了陶瓷3DP技术的相关概念及其主要分类，从材料、成型、装饰三个方面，梳理与分析了陶瓷3DP技术在现代陶瓷制作中的应用与优势。为解决随动装置传统设计模式的成本高、周期长、质量差的问题，方子帆等(2016)采用DD方法，应用优化算法(optimization algorithm)对随动装置系统布局方案进行了优化计算与评价。在EPD过程中,考虑到未来制造的工艺技术及材料特征等,特别是3DP对工艺技术与材料的特殊要求,设计工作则不同于以往的理念与途径,更多地对设计对象进行数字化模型构建,并科学地规划3DP的实现过程。

5.2.4 “Internet+”与PD

目前,“工业4.0”“工业互联网”和“中国制造”作为经济上高度相关的现实问题,备受德国、中国及相关国家的重视。一些学者认为,“第四次工业革命”的基础就是所有工业和服务的生产逐步数字化的过程(Otthein et al.,2016)。

2005年诞生于德国的“工业4.0”的概念,是现代制造极具创新性与前瞻性的理念。其核心是以IM为主导,通过信息通信技术和Internet的结合,将制造业向智能化转型。这是一种新的生产模式,其最大特点是高度灵活的个性化和数字化的产品服务。基于该模式,力图在工业生产过程中实现AI技术以及Internet技术的应用,提升现代制造的能力与水平。“工业4.0”的主要基础是IOT,也是新的工业智能化制造逻辑和方式。中国如何从德国“工业4.0”中得到启发,实现《中国制造2025计划》,需要依靠新技术、扩大自主创新,激发我国在科学和经济领域的发展潜力,促进产业结构升级(刘艳等,2016),值得认真思考及积极应对。

随着相关技术所引发的通讯与传播方式的改变,也改变着人们的交互方式。启发人们更便捷、更高效、更开放地开展EPD工作。传感器网络(sensor network)作为计算机科学技术的热点研发方向(丁翠,2016),以其在智能信息处理方面的优越性,逐渐地在相关行业领域得到应用,也对于复杂产品设计具有一定的支撑作用。核心网关键技术以NFV及SDN为基础的5G网络,体现出广带化、泛在化、智能化、融合化以及低碳节能等特征(月球等,2017)。

随着IOT的应用和4G/5G无线网络的研发与推广,电子产品及其网络化连接、使用与管理的客观要求,促进了设计理念与方法的创新。“互联网+”内涵丰富,拓展空间巨大。“互联网+汽车”是利用Internet、AI等信息技术对传统汽车设计制造等流程的改进与创新,在一定程度上实现汽车产品R&D与D&M的网络化、数字化、智能化。当传统汽车产业遇上Internet,“Internet+”汽车概念也就运用而生(马英才,2017)。朱赛春等(2017)对车载嵌入式设备的早期集成给出了Web CGI方案等多种方案,采用CORBA构建互联通信总线协议,在分布式主机双系统Linux/Android上,

进行平台中间件的验证。

“互联网＋电网”是电力行业网络化设计与发展的客观需求。孙克正等(2017)利用移动互联(mobile internet)及CC技术以及智能手机，借助“Internet＋”提升电网企业的电力设施一系列服务业务的数字化、智能化管理水平。“互联网＋EP”是EP领域发展的重要方向。黄穗(2017)研究了EPD中HCI的应用解析问题。目前，EP逐渐占据了人们的生活与工作，多功能化的产品才能被公众认同。张营等(2017)通过建立任务行为规划的模糊认知图模型，结合机器人传感器实时信息，自动调整巡检实时动作序列，科学合理地解决了变电站设备巡检智能化应用问题。

王飞跃等(2017)分析了智联(Internet of Minds，IoM)技术的背景以及实现协同认知智能的目标，同时，针对知识获取、知识协同表征和传递、知识关联和协同运行等核心问题，进行了系统地研究，并探索了IoM的关键平台技术，为分布式、自组织、自运行的安全IoM系统提供基础设施。

产品外形个性化定制是现代产品研发与制造的一种趋势，在该过程中用户也不同程度地参与了概念设计，对于提升产品针对性与缩短开发周期至关重要。曾艳丽(2004)运用图形图像处理和网络交互技术，分析VRML外形设计及3D模型调整方法的特点；构建了汽车外形的多细节层次模型，借鉴基于特征轮廓线的深度图像变形技巧，重新构建了新的3D模型，实现产品创新的外形定制。

5.3 模型、算法与设计

5.3.1 模型与设计

在产品R&D与D&M过程中，模型是不可或缺的工具与手段。产品设计中的模型，是设计者开展设计与完善设计的工具；它是设计者借助实体或虚拟表现手段，所构成的客观表达概念产品形态结构的一种目的物件。需要指出的是物件与物体之间不是等同关系，物件既可以是实体与虚拟的形式，也可以是平面与立体的形式。不同学科对于模型的概念界定有一定的差异性，对于模型分类也有所不同。不同学科对于模型有着不同的界定，也就形成了不同的模型内涵；一般意义上而言，人们为了研究方便，也为了使模型研究科学化、体系化，也为了使模型应用更具规范性与合理性，把模型划分为诸多类型，模型不但有数学模型(mathematical model)及物理模型(physical model)，而且，模型还有结构模型(structural model)、工业模型

(industrial model)及仿真模型(simulation model)等类型。特别是结构模型与工业模型在设计中发挥着重要作用。

5.3.1.1 一般模型与设计

姜娉娉(2005)针对PCD过程中功能—结构直接映射的不确定性,建立了快速生成产品方案模块,提出了基于广义定位模式的面向表面特征的分类编码体系。基于上述理论基础,构建了基于知识的机械产品设计系统。值得一提的是采用面向对象的编码规则表达及存储知识,最终构建了产品功能模式库、壳体库和方案库。采用了基于遗传算法(GA)的分层检索方式,实现实例的精确匹配以及由PCD到详细设计的关联。李敬花等(2017)运用ANN分析项目特征参数与项目工作结构的内在联系,实现了项目工作结构的智能化分解与有效性验证。

以PD自动化为目标,以控制电器产品为对象,周春来等(2007)研究了产品智能设计中涉及的系统模型的建立、概念设计的产生方法、可靠性设计、故障树分析、任务调度、并行推理、参数化建模等问题,提出了智能设计系统功能模型、设计模型与产品装配模型,在界定模型内涵与描述属性特征的基础上,基于粗糙集理论(rough set theory),探讨了基于蚁群算法(Ant Colony Algorithm,ACA)的PCD算法在产品设计中的应用。王凤英(2004)在原有关系型数据基础上,针对产品复杂结构的知识表示问题,通过对数据模型的抽象,探讨了面向对象模型知识表示方法的可行性,极大地改善了减速器概念设计问题。

信息流理念的发展,促进了产品设计理念的拓展与深化。LORD原理、生物流理论和能量链原理,在信息流背景下被赋予了新的内涵,也成为PD的重要理论基础。在此原理指导下,林淑彦(2008)对产品快速创新的PCD信息建模技术以及功能—结构自动映射技术,进行了系统地分析研究;围绕MEP设计特点,特别是针对机电控制系统的设计,提出了MEP设计自动化理论,为MEP原理方案创新与结构创新设计过程提供了理论基础。为了支持概念方案的快速表达,陈旭玲(2011)构建了结构—功能映射的框架模型,获得了具有创新价值的设计方案;同时,通过元功能细化功能层次模型,在基本功能的重组、变异及替换等操作的基础上,获得了能够支持创新PCD全过程的产品设计模式途径。谢清(2008)针对产品R&D与D&M涉及一系列的过程及环节,无论是产品需求获取与模块粒度划分,还是PD任务信息、模块信息、流程与基础数据的管理,都与产品功构模型的映射理论和方法密切关联,融合上述信息开发了定制产品功构映射平台。依托Hyperlynx仿真工具,莫建强(2011)研发了解决特定电路设计信号完整性问题的可行方法。

5.3.1.2 虚拟模型与设计

前面提到模型具有多种类型，而产品设计过程中运用的各类模型，具有体现为产品设计服务的特点，一般可分为实体模型(solid model,entity model)与虚拟模型(virtual model)。前者指拥有体积及重量的物理形态概念实体物件，后者是以电子数字形式呈现的形体及其实效。在实践中，人们进一步拓展了虚拟模型的内涵，并从虚拟静态模型、虚拟动态模型以及虚拟幻想模型等不同角度，结合设计产品的目标，对其进行仿真设计。虚拟设计已成为制造业等行业产品研发的热点方向，依据分布式 AI 的理念与模式，能够为多用户协同设计提供 VDE 与决策模型(郑太雄等，2002)。方子帆等(2016)通过 VP 仿真与物理样机伺服控制试验，综合性地验证与评价了 VP 模型在产品设计的有效性。在 ACA 实现 AI 优化的前提下，万业军等(2015)构建了基于最短路径的风险规避模型，经过对预设方案的优化，获得了满足决策者风险要求的最佳方案。冯毅(2009)创建了适合集成块结构特点和设计需求的 VDE 构成方案，实现集成块的 3D 立体图形实时动态显示。同时，冯毅(2009)建立集成块优化数学模型，给出了 VDE 下集成块智能优化设计实现方式。应用 Visual C++ 和 OpenGL 工具包，从底层开发集成块智能虚拟设计软件原型系统，针对典型液压集成系统工程实例进行了完整设计与验证。

5.3.1.3 3D 模型与设计

3D 模型具有自身的内涵特征。它的几何特征表现为由顶点组成，顶点之间连成三角形和四边形，并由无数个类似的多边形构成的复杂立体模型。在产品的计算机辅助设计中，有些软件可实现其功能。如在 3DMAX,MAYA 等软件中，可以实现 3D 模型，帮助设计者提升对于产品设计理念的把握，也进一步提升用户对于产品结构与功能的理解。依托 Mechanical Desktop,庞勇等(2002)构建了产品 3D 造型设计系统的结构与功能。付高财等(2016)针对单一检索条件难以满足 PCD 阶段对 3D 模型模糊检索的问题，对铁路电气化行业中 MEP 3D 模型信息表达进行了分析，在全面考量语义距离、语义重合度、层次深度的前提下，提出了基于本体的 3D 模型多条件组合检索方法，支撑了 3D 模型的语义扩展检索。

5.3.1.4 数学模型与设计

数学模型是模型的重要类型，由于用数学语言对其表达，常常被人们广泛应用与普遍接受。数学模型的类型也是呈现多样化的特征，不但有代数方程、微分方程、差分方程、积分方程或统计学方程的形式，而且往往还有相关方程的组合方式，可以定量地或定性地表征要素之间的相互关系。在实际应用中，运用各类方程描述的模型是主要的数学模型表达方式，同时，还常用代数、几何、拓扑、数理逻辑等数学工具，描述客观对象。数学模型在产品R&D中的作用是表达产品系统的行为特征，而不是产品系统的实际结构。梁建全(2009)在相关要素分析与模式研究的基础上，率定了适合轧机系统的轧制数学模型与目标函数，并运用粒子群算法(Particle Swarm Optimization，PSO)优化了轧制规程，体现了相关要素或参数方面的优越性。

陈泳等(2002)提出了基于传动功能矩阵的机械传动系统(Machine Driven System，MDS)的自动求解模型，并对基于约束分类的原理解组合可行性识别机制进行了梳理与解析；开发了计算机辅助背景下的MDS概念设计软件，实现了MDS概念设计的自动化。宋慧军等(2002)基于数理逻辑方法，构建域结构模板的数学模型，有助于概念设计产品模型信息化水平的提升。

目前，废旧电子产品(Waste Electronic Product，WEP)日益增多，绿色低碳环保成为电子产品研发、生产、报废与回收处理的重要理念，WEP逆向物流对可持续发展至关重要。中国是EP的消费大国，也是WEP的产出大国。但中国至今尚未建立一个完善的WEP逆向物流系统。针对EP逆向物流的成因、特殊性及类别，王海强(2008)基于数学模型分析政府和企业之间博弈的过程，从经济学的角度，探究了产品后续过程的有效性。

随着模型在PD中的应用，设计者应辩证思考“2D图纸”在设计与实践中的作用，科学认识“数据模型”在概念生成、模拟优化以及建造实现的设计流程中的作用。目前的数字化D&M方法已超越了3D模型的设计媒介关系，更多地是体现“多目标设计模拟”与“建造流程智能控制”的数据化交互设计方法。随着人机协作关系的建立，传统的图纸对施工的指导已逐步向代码数据对机器人的“动态控制”以及机器人“视觉系统”对模型数据的动态反馈流程转变。在相关模型与技术的支撑下，通过数字化设计方法与智能化建造研究，人们已经能够精准控制从建筑设计到建造的部分流程(袁烽等，2017)。

5.3.1.5 仿真模型与设计

仿真模型(simulation model)是产品设计中重要的模型，通过仿真模型能够帮助设计者对未来产品有一个初步的直观感悟，并进一步完善产品设计方案。仿真模型运行的载体一般有数字计算机、模拟计算机(analog computer)或混合计算机(hybrid computer)，仿真模型则为特定的计算机表达程序。在实际应用中，要把特定的物理模型、数学模型和结构模型转变为仿真模型，需要运用适当的仿真语言或程序予以实现。在R&D与D&M过程中，为降低其不确定性，陶俐言等(2014)在构建产品、工艺、规划、资源组成

的复杂离散生产系统仿真模型的基础上，建立了面向数字化车间的3D布局与生产仿真框架。

5.3.2 算法与设计

概念设计有效地加快了产品设计与生产自动化的进程；科学规范的算法，则直接支撑产品设计的有效性与合理性。一般而言，算法(algorithm)是一系列解决问题的指令，也可以说是对一定规范的输入在有限时间内获得合理输出的科学流程。针对产品设计领域而言，不同的算法可能具有不同的作用，并对于解决复杂设计问题具有重要意义；算法有诸多类型划分，角度不同，划分出的类型亦不同。算法不仅有基本算法、数据结构的算法、数论与代数算法、计算几何的算法，也有图论的算法、动态规划及数值分析、加密算法、排序算法、检索算法，而且还有随机化算法、并行算法等。无论算法简单与复杂，也无论算法使用的条件如何，相关算法与产品设计具有一定的联系。

在PD中，研发能够解决各类现实问题的专有算法与公共算法，一直是设计者及研发人员努力的方向。针对产品感性意象问题，苏建宁等(2015)应用支持向量机获得“造型设计参数-产品感性意象”之间的映射关系，利用PWO建立产品意象造型优化设计系统，较好地模拟了产品设计思维。针对概念产品实例的分类网模型，王凤英(2004)提出了一种实例检索策略及算法，用Access 2000建立模拟PCD实践的相似实例库模型，实现减速器概念产品的相似实例的快速检索。

概念设计过程中代码分层表达的遗传算法(Hierarchical Coding Genetic Algorithm，HCGA)具有一定的创新性，如何合理地应用到现实产品设计中是设计者关注的重要问题。徐海晶(2004)建立遗传算法(GA)中个体的编码方法，定义了基于分层代码的交叉、变异等遗传操作，解决了MEP概念设计的多目标优化模型的计算问题。并且利用Matlab平台，实现了HCGA算法的基本思路及过程，佐证了算法的合理性。赵燕伟(2005)针对模糊物元多目标优化设计问题，改进了自适应宏遗传算法(MAMGA)，凝练出了求解过程。施方林等(2017)基于位置-属性一体化概念模型，实现了空间属性与非空间属性的一体化空间计算。祝育(2006)借助于自主编程的方法，进行数学模型的求解，提出了一种高纯内部热耦合空气分离塔设计方案的数学表达。

通过分析设计结构矩阵(Design Structure Matrix，DSM)与关联矩阵的特点，遵循I/O相互传递的原则和解耦策略，可以有效地确定计算模型与设计参数之间的I/O关系(刘政伟,2008)。基于GA相关理论,通过GA优化比较得到了耦合模型集的计算模型最优求解顺序。华丹阳等(2016)定量地刻画出了PCD功能树中功能节点的模糊值,提出了模糊功能矩阵,建立了FFM功能求解算法;可以对实现相同功能的类似方案进行自动判优数字化,从而有利于概念设计的深化。

普适计算(pervasive computing,ubiquitous computing)的理念,是能够帮助人们方便地获得交互方式与过程更能符合人的心理与生理特点的所需信息。邱炻(2009)抽取了普适计算理论(PCT)中具体的方法论——实物用户界面(TUI)设计方法,提出创新性的信息PCD交互设计框架,使交互设计与PD共同推进下一代信息产品的概念设计与开发。

顾承扬等(2010)提出了一种基于圆弧插值的自适应测量方法,通过Matlab编程进行仿真,实现了三坐标测量机对未知曲线的自适应测量,极大地改进了以往三坐标测量机手动测量方式。段军(2000)从计算机辅助图形设计(CAGD)中磨光曲线的概念出发,用洛伦兹函数来拟合出柴油机示功图,初步建立能够体现柴油机瞬态特性,并兼顾数字控制特点的柴油机动态模型,研制出了具有一定创新价值的机车柴油机数字式电子调速系统。

陈旭玲(2011)探索了PCD中适用于提升MEP技术的理论和方法,构建功能驱动下产品技术提升的设计框架。在产品研发中,运用技术成熟度预测方法,为设计者及相关工程技术人员明确了技术演化方向、过程及目标。谢清(2008)构建了定制产品功构模型,提出了基于结构图的定制产品功能结构树相似性算法。

总之,算法类型很多,能够应用到PD中的方法只是算法体系中极其有限的几种,随着人们对于产品设计研究的不断深入,以及相关技术的发展,未来一定有更多的算法与设计结合在一起,成为产品设计发展具有潜力的重要方向。

5.4 语义理解与设计

5.4.1 语义学的一般特征

数据在一定程度上而言就是语义(semantic)。在不同学科,只有被赋予含义的数据才具有客观性、针对性及有效性,能够被人们使用的数据就可以转化为信息,此时,具有实际内涵的数据所具有的特殊含义就是语义。在产品设计中,语义是数据在特定产品所属行业领域的解释和逻辑表达。在相关对象的研究及应用中，语义学(semantics)有时也被人们表达为语意学，重点关注符号或语言符号与其所指对象的关系。语言符号往往通过语词、句子等表达式予以反映。

语义学的内涵特征决定了它与语言学、逻辑学、计算机科学、自然语言处理、认知科学以及心理学等学科，不同程度地具有直接或间接的联系。各个学科在研究语义问题时彼此之间存在着一定的共同性，但其研究语义的具体方法和内容又具有明显的差异性。自然语言的意义作为语义学的研究对象，是各个专业进行研究的基础。词、短语(词组)、句子、篇章等不同级别的语言单位，都可以成为特定领域或者研究对象表达的自然语言。PD是由概念抽象到逐步具体化的过程。在该过程中，运用语义学的原理与方法对设计产品进行描述与表达，为设计者提供具有借鉴价值的数据信息，成为PD成败的重要组成部分。显然，PCD与语义学具有不可分割的关系，特别是产品概念的挖掘与凝练，产品特征的描述与表达，产品效果的评价与创新，离不开语义学的理论与方法指导。

在学科快速发展以及交叉与融合的背景下，各个学科领域对语言的意义的研究目的是不同的，形成了不同的研究方向与研究特点。侧重于语言学的语义学，以梳理出语义表达的内涵特征、规律性、不同语言在语义表达方面特性为主要目的。与此相关联的逻辑学的语义学，则主要是对一个逻辑系统的解释，不直接涉及自然语言。在现实研究及应用中，计算机科学在此方面主要研究机器对自然语言的理解，通过计算机体现人类智慧与语义的联系。需要提及的是，认知科学更多地是研究人脑对语言单位的意义的存储及理解的模式，以此体现与语义学的关系。在涉及产品设计领域，诸多学科对于语义学内涵特征的界定，在一定程度上都可作为其设计的理念与指导，并有利于提升产品设计的内涵。

5.4.2 设计中的语义应用

对自然语言理解的语义分析是语义学研究的重要内容，在PCD中亦具有重要的启示意义。李亚涛(2004)分析了以自然语言形式表达的用户需求，用基于知识的方法建立了名词概念内涵模板及常见的处理与实现模式，取得了比较满意的效果。赵礼彬(2007)建立了一个基于自然语言理解系统的计算机辅助机械产品需求系统整体框架原型，实现了自然语言理解在机械传动装置中的应用。大量的产品研发过程已经证明，语义分析在自然语言理解中作用重大。杨晓龙(2007)将自然语言理解中的副词语义分析应用于PD过程中，实现了对领域内语句中范围副词的语义理解，并合理地应用于滚动轴承结构设计。

朱新华等(2017)以"知网"信息为基础,提出了基于抽象概念的词语相似度的快速计算方法,获得义项间的语义相似度,能够达到目前优秀词语相似度算法的水平。熊文静(2010)梳理出了动词隐含句的特征和规律,设计了基本的动词隐含句处理模式,实现了对智能仪器设计需求说明中动词隐含句的理解。

由于自然语言理解的复杂性,语义分析研究需要诸多学科的支撑,自然语言理解还常常受到时间、条件和认识的限制。目前,对于诸如语义理解问题尚没有统一的解决方案。语义与产品概念的联系仍十分复杂,要形成具有产品内涵特征的语义表达,需要设计者与公众的共同努力。特别是形容词、动词等的内涵处理,复杂概念的表示与理解,知识冗余的减少等问题,仍然需要多学科的联合攻关与研究。李亚涛(2004)应用基于知识的方法和概念从属理论,对相关问题进行了探索,试图对于语义理解与产品设计具有一定的借鉴与帮助。张建(2006)针对面向产品设计的自然语言复合句语义理解问题,剖析了领域复合句的语义分析过程。在构建术语集依赖关系图模型的基础上,欧阳丹彤等(2017)遴选并界定了语义依赖度、语义簇及依赖度分布等指标,能够合理地反映求解问题的数据复杂程度。

产品形态设计(Product Form Design,PFD)语义学突破了传统设计的局限性,提出了新的设计原则和方法,强调PD应遵循UCI,还应全面考量产品用户的日常经验与知识水平、认知过程及行为习惯,并运用HCI设计理念指导产品的功能设计,以保障实现UCI的设计。老年人在使用产品时具有不同的行为习惯,运用PFD语义学原理与方法开展老年人产品的界面设计,将会使得老年用户易于理解产品的操作方法,并能避免使用失误。刘传来(2012)应用产品形态语义学和HCI设计原理,分析了PFD的视觉特征、视觉构成规律、信息内涵以及情感诉求,凝练出了视觉界面识别符号化系统的应用方法;开展了老年人的生理和认知心理特点分析,并梳理出相关特点对HCI设计的影响。运用PFD语义学的相关原则和方法指导老年EP的HCI设计,增强界面的可视性。

数字化产品以其高效、多功能、智能化优势已拓展到了人们生活的方方面面,目前,数字化产品设计已脱离了原有PD概念,表现出了一系列新特点。在此背景下,探讨数字化产品设计语言的特点及表达方法,对于产品设计具有重要启示意义。

第6章　EPCD原则依据及表达

6.1　EPCD的原则规范

6.1.1　产品设计的主要原则

EPCD的原则是设计过程必须遵循的重要科学依据。EPCD的结果是创造一种新的产品形式，其功能与形式都应该符合客观需要，既能满足用户的需要，同时又能合理地进行生产。从这些要求出发，如何合理地实现电子产品的概念性功能，体现简洁、美观及创造性，并着力体现UCD、GDI理念，从人体工程学的角度，综合考虑环境、产品和用户关系中人的适应程度和安全问题，创造更加完美的环境和产品。

作为EPCD，在相关创新理念的指导下，遵循设计的一般规律与相关原则，才可能设计出具有一系列特征的新型电子产品。

如前所述，PD是一个创造性的综合信息处理过程，其核心是在相关学科原理与方法技术的指导下，灵活地运用线条、符号、数字及色彩等多种元素，把产品的形状呈现出来。产品设计的原则体现在设计概念的挖掘与抽象，设计理念的确认与提升，设计过程的拓展及实现，设计方案的选择与评价，以及设计与制造等方面。在不同阶段都需要遵循若干原则，以保障产品设计的科学性、新颖性、适用性。

6.1.1.1　创新性原则

创新是对传统与常规的突破与发展，是产品设计始终需要关注的方向。创新也是一个相对的概念，其价值与时空密切相关。创新必须在一定范围内具有领先性，时空变化直接影响和制约产品的创新性与创新程度。创新可以在解决产品技术问题、产品设计与制造经济问题的广泛范围内发挥作用。创新以取得的成效为评价尺度。创新体现在理念、方法、技术等任何产品设计与制造的过程中。产品理念创新与产品技术创新等构成了创新原则的主体内涵。

6.1.1.2　功能性原则

产品要实现某种功能，满足人们特定的需要，这是产品设计的根本，也是产品设计功能性的客观内涵及具体要求。

在功能性原则的基础上，产品要适合人们的使用习惯、审美、价值取向等要求，在一定层次上也是适用性的体现。适用性也就是产品要满足人们生活及工作的某种需要，是产品设计的基本要求，同时，产品能够满足不同人群的需要，在一定程度上也是适用性的体现。而产品适用便利、接口方便，则从技术等角度表征了对产品设计的要求。

无论电子产品设计如何变化，最为核心的目的是设计出来的产品要满足特定功能，外观与功能的统一、实用性的体现都不同程度地体现在功能方面；外在形式是引导与体现产品功能的重要符号，产品设计形式要服务于产品的实际功能；不能抛开产品功能的客观要求，一味地追求形式设计，满足功能要求应是EPCD所遵循的基本原则。同时，EP的安全性、易操作性以及EP与环境的协调等问题，也同样是体现产品功能特征需要考虑的重要因素。

随时掌握人们对电子产品功能的客观要求异常重要。客观需求是随着时间、地点的不同而发生变化的，这种动态变化与现实需求是EPCD升级换代产品的依据。同时，也能促进创造发明，形成新颖的电子产品。

围绕产品功能实现的目标要求，才能设计出符合人们需要的产品。只有不断地挖掘产品的功能，并拓展人们的需求，才可能在产品设计中把握关键问题，设计出实用、适用及使用方便的产品。

6.1.1.3 系统性原则

电子产品总体结构与功能是通过各部分结构与功能来体现的。以系统科学的理念把握各部分结构之间的联系，将各部分结构集成为预期结构的电子产品结构中，并以综合性理念发挥各部分功能的协同功能，把系统性体现在EPCD方案制定的每一环节中。忽视总体而过度地注重部分的概念设计，终究不能全面地反映系统化的设计理念，同样，忽视部分设计而寻求总体良好效果的概念设计，也难以达到预期目的。只有科学地应用系统化的思维方式，坚持系统化的设计原则，才可能实现电子产品系统化的设计效果。

6.1.1.4 安全性原则

产品使用过程中一定要保障使用者的健康与安全，是现代产品设计的重要原则。无论是哪种产品，在满足其性能的背景下，结构要稳定、和谐，使用要方便、平和，特别是电子产品的物理安全、数据安全等关系到产品的友好性。产品的安全性融合在产品的方方面面，是产品成败至关重要的原则。

6.1.1.5 优化性原则

在EPCD中，如何抽象性地设计出结构与功能以及潜在效益都最佳的方案，是设计者追求的理想目标，而要达到该目标，就必须遵循电子产品设计的优化原则。电子产品设计过程中，对设计参数及设计方案优化，以及实现高效、优质、经济的设计过程，都体现了优化性原则的内涵。

设计者在电子产品设计中要善于大胆创新，要具有一定的创造性，敢于超越各种传统观念和惯例的束缚，创造发明出各种各样原理独特、结构新颖的新型电子产品。创新设计是优化原则的核心。电子产品设计要善于推陈出新，综合各种理念与方法，尽可能地体现电子产品以往的特点，更重要的是延伸其新的功能，体现 EPCD 不断创新的特点。在各种设计方案的设计及其遴选中，把最具有传承作用、创新价值、成效优势与受众推崇的设计，通过一系列科学评价，作为优化设计方案，进一步在后续经过信息反馈，反复修正设计方案，成为最优化的设计模式。

电子产品设计中，必须讲求效益，既要考虑技术效果，也要有意识地体现经济与社会效益，只有实现多种效益最佳的设计才可能成为最优化的产品。

6.1.1.6 美观性原则

产品设计要挖掘与产品密切相关的历史文化内涵，并运用合适的符号表达出来。表达方式的不同方面，均要体现人们的审美理念、审美方式与审美取向。只有美的产品，才可能得到更多受众的认同，才可能在产品纷繁的环境中，提供公众可能选择的机遇，并把公众引导为鉴赏者与使用者。

美学原则还有诸多内涵，其中简洁性就是其中主要的体现。作为电子产品的概念设计，因结构与功能的不同具有一系列的多样性与复杂性，而针对具体的特定产品设计，就必须应用公众熟悉或者能够理解的形状、色彩、纹理、材料等设计元素，设计出最清晰、最流畅、易于识别及易于操作的电子产品。如果把简单的产品复杂化，不符合人们的思想理念与价值趋向。在确保 EP 功能的前提下，在 EP 初步设计阶段和改进设计阶段，应突出运用 EP 简约化的原则。从一定意义上而言，设计者运用材料、构造、造型、色彩等要素来表达 EP 的现实性，是其实现简洁性的语义表达。在许多情况下，简洁是一种特殊的美，美体现在设计的简单化、明晰化、多样化与系列化等诸多方面，因此，简洁性原则也是美学理念在概念设计中的体现。简洁性特征还表现在设计者在设计的过程中能够借助于现有的软件及硬件，较为方便地设计出理想的电子产品，节约设计时间及成本，较为容易地实现所要达到的设计要求。不宜使设计过程过于复杂，难度偏大。这也是设计美学的要求。

6.1.2 产品设计的标准规范

各类产品属性及特征不同，无论是在不同的行业及专业领域，还是在国家及国际层面，已经形成了相关的标准规范，引导并约束其科学发展、合理发展，也是目前产品设计标准化、信息化与数字化等发展的必然要求。图 6-1展示了来自于网络的电子产品概念模式。

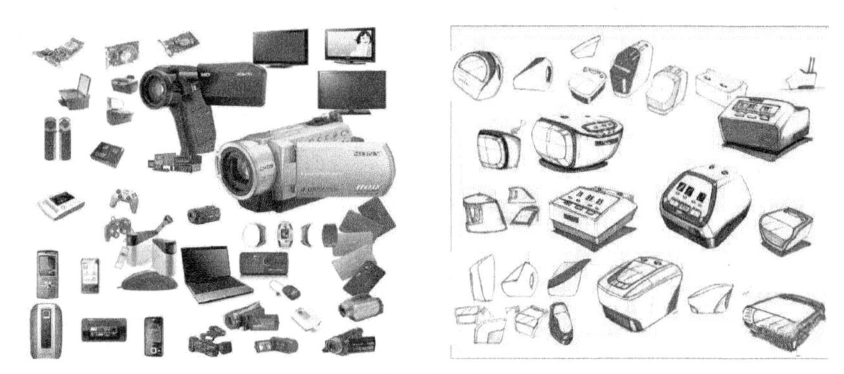

图 6-1 电子产品概念模式

产品标准(product standard)是产品 D&M 的依据，纷繁复杂的产品需要不同的标准来约束和规范。针对不同类型的产品类型及属性，产品标准往往具有特定的内涵。一般而言，产品标准是对产品必须达到的相关要求所制订的规范与准则。这种产品必须遵循的规范与准则是保障产品适用性的前提，也是产品生产、检验、验收、使用和维护的技术依据。行业多种多样，产品类别也多种多样，但无论是哪个行业、哪种产品，其产品标准的主要内涵具有相似性；一般包括产品的适用范围、品种规格、结构形式、技术要求、试验方法、检验规则、产品标志以及产品包装、贮存和运输等方面的信息。产品标准对于产品设计具有引导性及规范性，也具有约束性及普适性。

目前，无论是行业或专业领域，国家及地方都制定了一系列标准规范，供设计者、生产者、使用者及管理者遵循、参考与借鉴。随着信息化、数字化等快速发展，电子产品领域的相关规范标准也在快速的更新发展之中。在与 EP 相关的领域，有一系列国家标准。如《电工电子产品环境试验国家标准汇编(第四版)》(中国电子元件行业协会，2007)中，汇集了 68 项电工电子产品环境条件试验方面的国家标准，还包括了总则、术语、试验方法、试验导则及环境参数测量方法等内容，在我国电子产品 D&M 方面发挥重要作用。目前，一些标准在使用、一些标准在修编、一些标准在制定、一些标准在淘汰；不管是哪一类标准都在特定时间、特定产业发展阶段发挥重要作用，是科学技术进步的体现。目前与电子行业及其产品相关的标准数量巨大，如《电子产品研发设计规范》《电子产品结构设计规范》《电子产品设计验证规范》《电子产品质量检测相关标准》以及《电子行业标准》与《电子产品 3C 认证标准》……均是不同年代制定颁布实施的电子类产品标准，可以在相关网站及

管理部门的信息平台予以查询，也是本领域产品设计及生产使用的重要参考。

电子产品代码（Electronic Product Code，EPC）是由一系列数字组成的编码，其核心是与全球标准代码条形码相对应的射频技术代码。随着射频技术与网络技术的发展，EPC运用而生。目前，EPC发展迅速，并使用广泛。EPC提供了产品的生产者、产品类型、定义及序列号；能够帮助公众辨别产品的诸多属性及信息，如产品产地、产品历史以及产品物流等信息，这些数据被储存在互联网或其他网络或者云端，只要使用标准的技术就可以进入数据系统，就像进入互联网一样。

未来的电子产品标准化将更加注重知识产权保护，并在剔除产品安全性与共享性等特征方面，不断迈上新台阶。

6.1.3 产品设计的一般程序

PD必须严格遵循特定的规范化的设计程序。

6.1.3.1 技术设计内涵特点

技术设计（technology design）与PCD有所不同，但同样具有重要作用，一般是指在初步设计（primary design）基础上，设计者编制的更为精确、更加完备与更为具体的文件和图纸。前已提及初步设计是依据设计任务书的内容，对总体设计提出基本的技术决策，确定基本的技术经济指标（technical-economic indicator），并拟定资金概算的文件和图纸。而技术设计中首先要遴选与明确初步设计中的工艺过程，校正设备及数量误差，制定生产规模与技术经济指标，并对概算修正，相对准确地编制文件和图纸。技术设计不同于概念设计，它是产品的定型阶段。在该阶段将对产品进行全面的技术规划，诸如确定零部件的结构尺寸、配合关系与技术条件等。

技术设计内容及程序随行业及产品类型等有诸多差异性及不同特点，但主要包括了如下几方面的技术要求与技术环节：一方面，需要完成试验研究，编制PD计算书，画出产品尺寸图，进行成本与功能分析，制定遴选优化方案以及绘制系统原理图件；另一方面，还需要提出上述内容之外的任何关系产品性能特征的方案及建议。上述方面直接关系到产品质量、性能的优劣以及功能的可靠性。

6.1.3.2 技术任务书

由于涉及行业、专业及领域十分广泛，关于技术任务书没有统一的概念界定。但在实际应用中，人们逐渐地对于技术任务书的核心内涵有了一定的共识，强调在产品初步设计阶段，由设计部门向上级对产品计划任务提出的改进性和推荐性意见的文件，其目的在于科学合理地确定产品最佳设计方案。

一般而言，技术任务书是技术设计的综合性反映，也是技术设计的文本表达方式，包含了前述技术设计的所有内容，例如，产品设计依据及设计原则，产品用途及使用范围，产品参数及性能指标，产品布局及部件结构，产品工作原理，产品标准化要求，产品关键技术解决途径，新产品设计试验等。只有明确了上述各个方面的问题，并进行了深入研究与制定了合理流程与科学方案，产品设计的理念、功能等就可能得以保障。

6.1.3.3 工作图设计

一般而言，设计者所完成的供试制（生产）及随机出厂用的全部工作图样和设计文件，属于工作图设计（working drawing design）的范畴。设计者需要在产品标准规程等的指导下，绘制各项产品工作图，主要包括如下内容：产品零件图、部件装配图和总装配图，产品零件、标准件明细表，产品技术条件，试制鉴定大纲，文件目录和图样目录，包装设计图样及文件等。只要遵循相关设计理念及原则，按照产品的功能要求，依据设计程序规范，就可能实现预期的设计目标。

6.2 EPCD的要素特点

6.2.1 产品要素与属性设计

在当今知识信息时代，大量纷繁复杂的信息成为人们工作、生活的重要依托，各种信息产品也成为沟通个体与信息世界之间的桥梁。随着网络的快速普及，信息产品设计的方法与模式，正在发生着一系列变化。如何将信息交汇方式转变为一种更加适应大众心理，也更加合乎自然规律的信息交互模式，以及特定信息产品设计；复杂信息的网络载体传递，都是设计者必须深入思考的问题，合理地解决了相关问题，意味着信息产品设计在信息时代能够获得新的更大发展。而了解与认识影响设计的各类要素，挖掘影响产品结构与功能的各种属性，就成为当代设计者必须关注的重要科学问题。

影响产品设计的要素多种多样，有自然因素、人为因素，也有社会因素等。各类因素错综复杂，成为产品R&D以及设计者必须认真思考及探究的内容，在一定程度上也是产品各类特性体现的前提与基础。

在产品设计中，设计者更多地关注功能结构及装饰效果。随着设计理念的升华与设计方法的拓展，设计者对于人的行为和心理的关注不断加深，使得产品功能与装饰效果进一步融合，产品设计更加注重信息集成与人性化。目前，工业产品的设计内涵不断拓展，并随着人们对产品品牌、营销策略、管理理念、企业形象等信息的关注，向着更为广泛的范畴渗透。当设计

者从产品识别设计的角度进行产品设计时，便会超越一般的产品使用功能或形态语义，突破产品实体自身的概念，创新设计过程与设计效果。PCD是在PLC早期进行的一项关键的设计活动，PCD也是一个极具复杂性的过程，不仅需要考虑产品诸多方面的数理关系、性能、市场、受众及成本要素及其内涵特征，而且要经历多次产品建模与试制过程的调整与修正，以创建出合理的产品设计方案。不管怎样，PD是一个多学科交叉的研究领域，其设计理念及过程既富有现实意义，又极具挑战性。

针对不同的产品，具有不同的影响要素。郭小朋(2010)基于质量功能分析(QFD)理论，获取了影响其需求的可靠性、性能、成本、使用和服务共五大类指标13个参数。其中包括故障率、过载性能、环境适应性、钻井扭矩、传动方式、传动效率、控制精度、噪声、价格、能耗性、安全性、移运性、维修率；并基于用户需求程度的重要性差异，合理地界定了参数技术措施及其权重影响，获得了改进所需各种要素及其属性特征；依据TRIZ理论，获得PCD创新设计方案，证明了TRIZ理论在PID中的有效性。总之，采用QFD与TRIZ理论能够有效、合理地针对PCD获取到切实可行的解决方案。该设计案例系统地反映了影响要素及属性在设计中的作用，也反映了科学考量影响要素及属性，挖掘其内涵特征，并运用合适的方法，完成产品设计，实现其功能的重要作用。

6.2.2 EPCD关注的主要因素

为了设计出创新性的电子产品，在构思功能原理方案时，往往需要采用发散思维，必须综合多种信息；同时，要实行收敛思维方式，筛选及处理相关信息要素，以获得良好的EPCD效果。在设计过程中，各类信息繁多，无论是市场信息和技术信息，还是测试信息与工艺信息，作为设计者应全面、充分地把握和应用与设计有关的信息，基于信息正确引导EP规划设计。EP是结构与功能的统一体，EP的功能虽然是通过原理性设计预定的，但也必须通过结构性设计来实现。在EPCD中，必须把结构与功能有机结合，在综合分析与评价的基础上，实现科学的设计。

EPCD是一项系统性与综合性的工作，同时也是一项具有复杂性的工作。在概念设计的每一环节，都要根据一系列条件，筛选对设计具有重要影响的各类因素，作为概念设计的重点考虑因素。从一般意义上而言，电子产品特征受到外观、价格、性能、工艺、体验等诸多要素的影响，并且处于不断的变化之中。而电子产品造型、构造、材料、尺度、色彩、人体工学等要素，也是在概念设计中需要认真考虑的因素。特别需要提及的是EPCD还需要考虑其他诸多层面的问题，如产品品牌价值要求、产品成本及管理要求、环保及电子信息相关法规要求以及电子产品技术创新等方面的客观要求及现实规范。只有全面系统地把握影响EPCD的因素，结合设计者的经验及灵感，以及用户的互动参与才可能设计出具有电子产品诸多特征的创新性产品。在EPCD过程中，未能全面地考虑影响设计的相关要素，就可能导致结构与功能的设计不够协调，以至于达不到预定的功效，也可能给产品的生产、使用、寿命、检修、效益、环保和资源带来了诸多负面影响。因此，在EPCD过程中，对诸多影响要素应综合考虑，并科学应对可能出现的问题。

符合人们心理预期及接受能力的电子产品设计，也是诸多特征的综合性体现，需要在EPCD过程中不断地探索与挖掘。利用SVM算法构造产品特征观点识别模型与评论情感分类模型，并利用产品特征观点识别模型对电子产品特征关注度与满意度进行分析发现，电子产品特征关注度由高至低依次是价格、性能、外观、售后、做工、体验、存储、系统、配件，且随时间变化。现实当中，针对不同的电子产品，不同用户对EP各个特征的满意度存在个性差别，人们对EP特征的关注度与满意度之间并无明显的关系(李阳，2016)。

EPCD强调的是抽象性与独特性等具有创新特征的设计，更多的是从理念及逻辑意义探索电子产品的设计。但在现实设计中，也往往需要适当地考虑电子产品结构设计的需要，应以有利于功效的实现为前提，综合考虑生产、使用、安全、经济、检修、环保和资源的节约等因素。在具体EP结构设计时，对于影响设计的因素还应具体问题具体分析(薛立华等，2005)。

6.2.3 EPCD考虑的相关因素

EPCD与当今社会的发展密切相关，数字化理论及技术的发展，改变着传统的生活方式与消费理念，也影响着EPCD的进程。综合电子学、设计学、心理学等多学科原理，研究大众对EP的需求特征；特别是从EP多要素以及人机交互性能等方面，分析产品构建要素与用户意象之间的关系(黄华，2005；云轶舟，2015)，并开展EP的方案设计。

在EPCD过程中，还要通过相关原理及方法把诸多要素具体化。通过对EP典型样本进行解构分析，可以获得依据点、线、面、体四大类基本形态要素划分的子元素。采用多维展开分析方法，获得关于意象语汇与形态要素之间评价关系的定量数据。应用主成分分析法(PCA)，选出每组影响最高的几个元素作为代表形态要素。基于优势设计思想结合前期得到的形态要素最优尺度回归意象模型，进行产品优势造型设计方法研究，确定优势形态设计主要流程，分析设计造型给用户产生的感觉意象。在EP形状的概念设计中，方形是来自于自然的几何图形中最为重要的一种基本形。现代设

计史上“立方体”形成主题式的设计思潮，具有一定的代表性。方形体能在材料、工艺、形态、结构、功能、使用体验等全方位地使内外构件合乎现代电子产品的各项要求，不同比例的方形体能适应不同产品语义需要，方形体形体的造型方式多变，方形体是最能兼容其他形体的基础形体，能在点、线、面、体多维度应用的万能形(董莹，2015)。只有针对产品造型设计的各个要素，如形态要素、色彩要素、材质要素、人机界面要素等进行具体分析，才可能提出具体的设计模式与创意设计方案。

6.3 EPCD的理念特征

6.3.1 概念设计的理念问题

EPCD需要一定的理论指导，诸多理论在实践中逐渐地被人们所认同，成为指导EPCD的创新理念。在目前的科学技术及社会发展背景下，如何把不同的学科理念合理地应用到电子产品的概念设计中，成为EPCD的基础及重要前提。而在具体的EPCD中，如何科学地体现概念设计的生态观(绿色、环保、低碳)、文化观(民俗、历史、图腾)、美学观(舒畅、美观、大方)，以及直观性(功能与外观协调统一性、符号代表性、公众认同感)与创新理念(新颖、时尚、独特)等特征，成为EPCD重点需要考虑的问题，也自然成为EPCD创新理念的组成部分。

前已述及，广义的概念设计是将其看作探讨未知结构的方案设计及规划，表达要素之间的配合、联接、位置、尺寸的约束关系，最终得到产品构型的过程(邹慧君和张青，2005)。EPCD是一个典型的问题求解过程。在概念设计阶段，不仅要处理EP抽象表达，而且要生成实现EP设计功能的基本构想，从而直观地表达设计意图，特别是要实现EP由抽象到具体的转化。相关设计过程及其途径，对EPCD理念创新具有重要启示。

6.3.2 理念特点与概念设计

6.3.2.1 语义设计理念(SDI)与概念设计

目前，基于产品语义学的原理，探索人的情感与产品设计的关系，将其运用到产品外观设计的创新思路(丁小龙，2014)，对于提升产品的文化内涵研究(刘苏州，2013)，实现中国元素的EPCD具有重要启示。语义学设计理念(SDI)是EPCD的基本理念。设计者对产品视觉形象共鸣符号设计和实施，通过内外影响因素对用户与产品之间的共鸣感产生作用，是一种具有可评价、可持续的循环模式，其完美的服从与服务于符号共鸣理论，可为设计者提供方法论的具体借鉴和指导。EPCD 符号或者图形的主要功能是传递信息，设计符号的指示作用可分为产品构架、产品特征、品牌特征、产品细节及品牌细节，并逐层推进，在此过程中，成功的品牌会形成一套设计语言。

EPCD 与时代发展密切相关，社会发展与文化传承的烙印反映在产品设计的整个过程中，并受到设计者及用户与其他大众文化素养的影响，逐渐形成了特定电子产品的文化内涵与传播范围。在电子产品设计中，文化要素的挖掘、凝练与传承十分重要。电子产品要体现出文化品位与时代特色，就必须坚持文化理念在设计中的指导作用(Rosemary et al.，2008)，并通过设计者与公众的互动实现电子产品文化信息的获取、处理、定位与应用，使人们在使用电子产品的过程中有一种文化的体验。在实现中华民族伟大复兴的中国梦的历史背景下，EPCD 不可避免地受到了这种文化复兴思想的影响。在电子产品设计领域，把经典传统文化中的符号抽象运用到 EP 创新设计中，无疑丰富了现代 EPCD 及外观样式。设计者在现实生活中不断获取电子产品独特的创新语言，才可能将具有独创性与个性化的符号合理地运用在电子产品设计中。

6.3.2.2　绿色设计理念(GDI)与概念设计

绿色设计理念(GDI)作为设计领域研究的新热点，它为人们提供了一种解决人与产品及环境关系协调的设计理念，是 EPCD 的现实要求。GDI 和构思在科学技术的支撑下，通过具体设计途径予以实现。未来的 GDI 将高度关注纯天然、高环保、新型复合材料的合理使用(Stefan et al.，2017；Lou，2015)。目前，设计者、生产者以及用户对环境问题关注还不够充分，GDI 在设计领域还只是作为一种理念。GDI 要求设计者借助于丰富的信息资源，以低碳环保的设计理论和系统化的设计思想体系，实现对绿色产品设计方法和设计过程的管理。显然，构建 GDI 的基本框架，对 GDI 的生命周期评价方法及其运用过程中的问题进行分析，对于电子产品绿色设计也发挥着重要作用。表 6-1 反映了绿色设计的主要内涵特征。

表 6-1　绿色产品设计复合元本体的内涵特征

本体属性				
概念实体集(复合元概念实体集)	概念实体属性集			概念实体关联集
	基本信息概念实体集	GD 属性概念实体集	技术冲突概念消解概念实体集	
型号 功能 …… 部件组成	型号 功能 …… 技术性	回收设计 节能设计 …… 排放设计	改善的参数 恶化的参数 …… 研发的原理	概念关系 取值关系 …… 组成关系

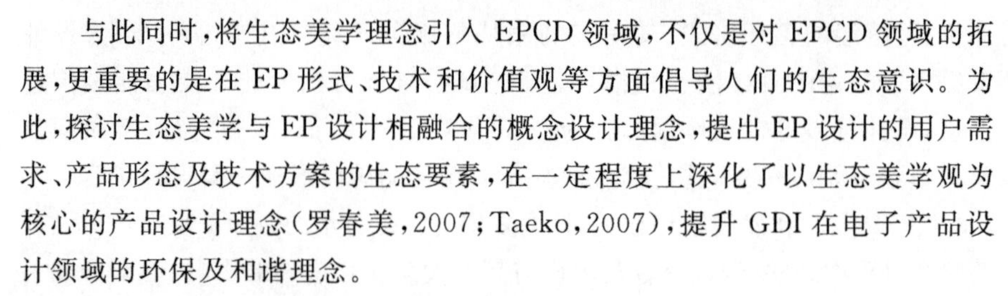

与此同时，将生态美学理念引入EPCD领域，不仅是对EPCD领域的拓展，更重要的是在EP形式、技术和价值观等方面倡导人们的生态意识。为此，探讨生态美学与EP设计相融合的概念设计理念，提出EP设计的用户需求、产品形态及技术方案的生态要素，在一定程度上深化了以生态美学观为核心的产品设计理念(罗春美，2007；Taeko，2007)，提升GDI在电子产品设计领域的环保及和谐理念。

6.3.2.3 用户中心理念(UCD)与概念设计

用户中心理念(UCD)是按照人的行为心理学动机，设计出符合人群心理而赋有情感产品的过程(吴晓莉，2006)。UCD包含了易用性设计理论与情感化设计理论等方面的内涵。易用与情感是EPCD中不可或缺的要素，两者在心理学原理指导下，才能获取更为有效的设计元素。

现实的EPCD过程中，设计者基于认知心理学、社会心理学、情绪心理学理念，抽象出用户的行为习惯信息，分析PCD中的形态、色彩、材质等要素，建立用户模型，指导电子产品概念设计。目前，人们在享受电子产品功能的同时，还需要享受其使用过程，并追求其美感，体现个人的品位、个性与情趣，而概念设计阶段至关重要。当前，人们对EP消费已经转为功能之外的价值体验，有效地把握概念设计发展趋势以及用户心理的变化，才可能做出科学合理的设计决策。

6.3.2.4 创新设计理念(IDI)与概念设计

"中国制造2025"是中国创新体系的重要组成部分，需要设计者以全新的设计理念、方法及"互联网＋"设计大数据的支持。在这种背景下，EPCD如何由"外观设计"初始阶段，经过"外观＋功能设计"阶段，进入"创新设计"阶段，需要理念创新、方法创新及技术创新。将创新设计理念(IDI)作为EPCD的基础，成为提升电子产品竞争力的关键。针对影响创新的主要因素，在概念设计中突出实用创新、功能创新与形态创新的全新设计理念，架构产品创新设计理念体系(郭淼，2016)，实现创新性EP设计。EP设计与不同的设计学科和相关的技术密切联系，一种产品可以与其他EP的功能相互借鉴和延伸，并将创新要素(如造型、构造、工艺、材料、尺度、色彩、人体工学等)及技术合理地引入EPCD的过程中，充分体现设计者的创作理念(Benjamin，2017)，从而获得最佳的概念设计方案。图6-2简要地反映了基于IDI的概念设计过程。

电子产品在一定程度上是满足大众不同需求的现代信息技术产品，目前，EPCD在满足功能需求的基础上，应进一步体现其时尚性、功能性、个性化与情感化设计。EPCD脱离不了借鉴与模仿，但更重要的是要用理性的逻辑思维来引导感性的形象思维，针对具体的EP设计问题提出一系列IDI的解决方案。通信技术和数字技术的发展，人们的需要也愈加难以满足，这就给 EPCD 提出了更高的要求。电子产品设计者对使用者起着理念引导及传播作用，而电子产品使用者的综合修养及审美理念，又在一定程度上能够激发设计者向更高更新的 IDI 方向发展，并在一定程度上促进设计理念、方法及内容与形式的完美统一。

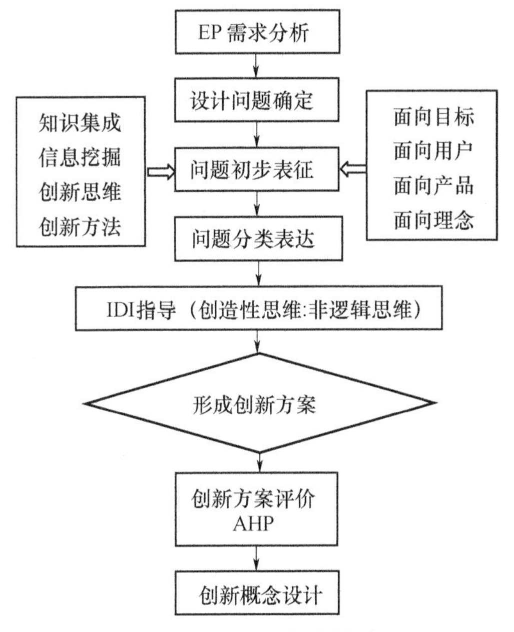

图 6-2　基于 IDI 的概念设计过程

6.3.3　EPCD 的主要特点

EPCD 是一个多学科交叉的新领域，随着概念设计在诸多领域应用的不断拓展，概念设计的独创性、先进性、探索性及抽象性等已经融合在相关设计的过程中，成为概念设计的主要特点。随着社会及科学技术的不断发展以及文化观念的变化，概念设计也具有文化性、创新性、多样性和层次性等特点。因此，EPCD 也正在随着时代的发展而发展。现代社会的信息化发展迅速，整个社会的主要价值观已经从物质资料价值向先进知识、服务、信息等精神文化资料的价值转化。EPCD 与产品差异性直接相关，也与人们生活方式及体验密切相关。

6.3.3.1　产品的抽象性及其探索性

由于 EPCD 处于产品设计的初期，更多的是把人们的意愿挖掘出来，通过一系列理论及方法的指导，抽象出一种概念意义上的产品，而并不是产品

本身;因此,概念设计需要应用心理学、逻辑推理学以及电子信息学等诸多专业的原理,启发设计者应用合适的设计方法与表现模式,把具有一定功能产品的概念抽象出来,逐渐形成未来的电子产品雏形。也就是说,设计概念的形成是在设计理念的指导下,对各类信息进行挖掘、提炼、概括与抽象的结果。

与此同时,EPCD也具有探索性。因为它是一个从无到有、从抽象到具体的过程,概念设计可以不去过多地涉及具体的功能问题,但要实现一种抽象性功能,就离不开复杂的探索与研究,这种探索性体现在概念设计的每一环节。EPCD阶段既是考虑EP功能特征,也是从抽象性、概念性、原理性或逻辑推论性的角度来体现的,这就为EP后续设计留出了充足的抽象空间。

6.3.3.2 产品独创性与时代创新感

在已有的电子产品基础上进行高智能化的创新,克服传统的设计方法在表达电子产品内涵方面的局限性,用新的理念、新的方法、新的视角展示电子产品的相关特征,是当代EPCD的重要特征。与此同时,概念设计要求设计者能够把握当代最先进的技术,感悟时代创新的社会意识,探索新技术、新材料与新工艺,使EPCD处于时代的前端。因此,概念设计更注重设计的独创性特征。

EPCD创新最主要的是立足时尚信息的同时,也符合当代社会审美需求,创造富有时代气息的产品,带动电子产品领域的创新性变革。EPCD的外观新颖、完美、健康、和谐,才能促使用户在感受到产品美感的同时欣赏到美好的设计。目前,需要加快产品外观设计创新的速度,使产品体现时尚性与时代感的完美统一(Charlie et al.,2011),创新出有着本国审美取向和文化特点的电子产品以及加强产品创新和追求风格体验是未来电子产品发展的方向。

6.3.3.3 产品形态与功能的协调性

功能与形式的统一是EPCD中形态造型的前提。PCD要以简洁的形态、宜人的色彩和富于人性的线型表现产品的内涵,体现产品形态与功能的和谐统一,突出“实用”“技术”“美观”的有机结合。在一定程度上而言,EPCD也是一门艺术,理想的EPCD要给用户带来愉悦的身心体验。因此,要实现科学合理的概念设计,就需要在创造令人舒适的产品外观方面不断地努力与探索,力求为人们创造更为舒适与美好的工作与生活的设计,并协调好产品外观的新颖性与技术性以及电子产品功能的关系,追求外观特征与功能协调统一的目标。

缺乏实用性，只注重外观设计，与电子产品设计的原则不相符合，而浮夸的设计还会给市场营销造成一定的负面效应。因此，电子产品在追求当今社会对外观的需求的一般性理念背景下，同时还必须充分保留电子产品的现实用途。

在 EPCD 中，特别是应遵循整体观察的理念，并考虑形状、图案及色彩等不同要素的不同权重，新颖点、功能性特征、设计空间等因素。在 EPCD 中，色彩在造型效果中起着重要的作用。分析人与色、色与色之间的关系，是合理运用色彩、享受色彩的关键，也有利于提升 EP 设计的效果。

6.4 EPCD 的模式表达

6.4.1 EPCD 信息表达一般模式

EPCD 过程中，把一系列设计元素通过科学原理及方法进行展示，是实现概念设计表达的核心内容，也是评价概念设计的重要环节。在现代概念设计理念及方法快速发展的背景下，灵活运用抽象性样式(几何形状——平面、立体，色彩，纹理等)，探索抽象性形式表达、模型要素的形式化表达以及虚拟仿真技术的表达，成为 EPCD 表达的重要途径。

EPCD 的表达是真正意义上创新理念的实现过程。为了有效地表达 EP 概念信息，研究者采用包括几何、语法(Liu et al.，2003)、图形、对象和知识模型的多种表达形式(于万波，2014)，力图对 EP 的表达更为科学合理。相关表达方式各具特点，适合于表达不同的 EP 对象。EP 概念信息表达形式特征比较表(张建明等，2003)，如表 6-2 所示。

表 6-2 EP 概念信息表达形式特征比较

序号	表达形式	主要特点	表达对象
1	几何	易于与后续设计集成；但对概念设计支持有限。	结构
2	语法	简洁性、明确性，复杂推理难满足。	结构、功能、行为
3	图形	基于已有算法，实现可视化；但缺乏类和继承。	结构、功能、行为、关系
4	对象	柔性较大，易于推理；但需建立不同模型予以应用。	同上
5	知识	易实现推理；但知识获取困难。	同上

注：据张建明(2003)修改。

EPCD 表达具有丰富的内涵，在表达方式形成过程中，还需要一系列的技术支撑，要形成各种设计方案，这就需要不同的方案生成推理技术，实现由抽象到具体的转换过程。表 6-3 反映了常用概念设计方案生成推理技术的主要特点(杨艳华等,2010)。

表 6-3　常用概念设计方案生成推理技术

推理技术	主要特点
神经网络技术	减少工作量,效率高;但需良好实例。
定性推理技术	需大量数据训练,处理不完备的系统知识。
进化推理技术	良好的并行性和自适应性。
约束推理技术	以说明性方式表达问题,易理解;但知识获取困难。
多色推理技术	完整描述信息,易实现,效率高;但知识属性划分困难。
混合推理技术	提高推理有效性。

在具体的表达过程中,从机会识别、方案产生、方案评价及方案输出等角度,分析 EPD 过程,并探讨 EPD 方法;综合性地分析 EPD 的多维度表达视图,从功能分解图、行为映射图、结构生成图、原理示意图及概略布局图等方面,凝练出 EPD 的概念草图、3D 模型、加工原理图及工艺简图,并制作设计进度图以及案例建模图等(如图 6-3 所示)。

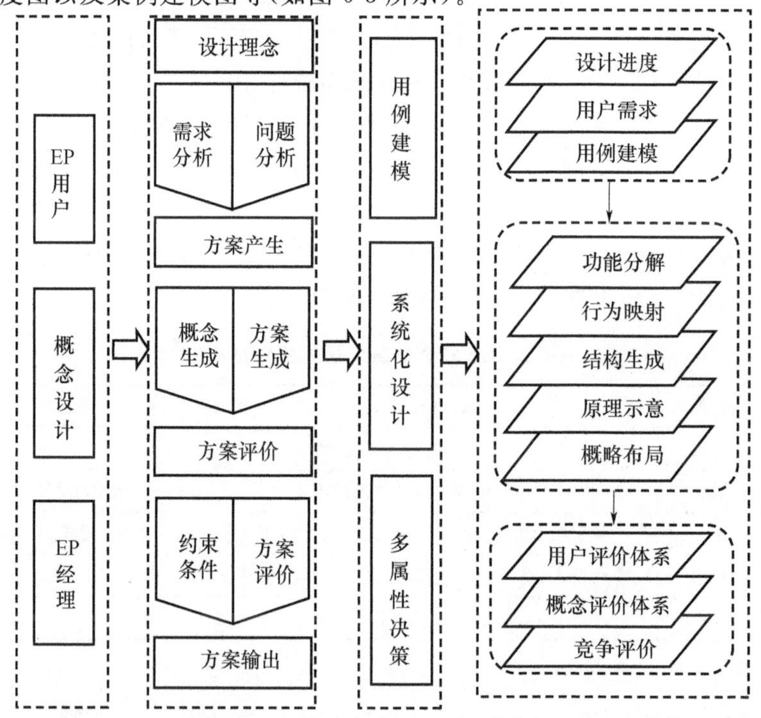

图 6-3　基于多视角的 EPCD 流程中概念设计与相关设计的关系

事实上,EPCD 的表达具有复杂性与多样性等特征,在概念设计的表达中如何合理地反映电子产品不同的特征,需要一系列理念与方法的融合。而 EPCD 表达的思路与途径,还有待进一步的拓展与深化(王筱雪等,2015)。

6.4.2 EPCD 表达模式具体模式

6.4.2.1 概念抽象性模式的表达方式

目前,EP 造型设计方法与原理已得到了长足的进步。EPCD 需要根据目标要求,进行一系列的设计理念解析与模式形成过程的探索,而抽象性模式是实现概念设计表达的重要途径。抽象是从众多的信息中抽取共同而具有本质性的特征的过程。抽象性思维是基于因素变化及作用状况的综合分析,梳理诸因素之间的耦合关系,揭示其内在变化规律的过程。在 EPCD 过程中,设计者及相关参与者运用分析、综合、归纳、演绎方法,逐步形成产品概念并完善相关关系。图 6-4 反映了这种探究事物和把握事物变化规律的 EPCD 抽象思维方法。

作为研究系统化符号学问的符号学,通过符号学体系的研究探讨其在现代 EP 设计中的原理及应用,是 EPCD 抽象性表达的重要途径。符号作为承载信息和传递信息的载体,其物理存在性通过形态(几何形状、平面、立体)、色彩、材质等符号的实体予以表达,并以 3D 的形式存在于电子产品设计中。把电子产品的象征功能与传统的几何学、美学、工程学等联系在一起,通过符号语义向用户传递信息及深层的文化内涵(张宪荣,2004),利用或挖掘共知编码规则,借助材质、纹理、形态及图像传递有效信息,实现电子产品的概念意义上的功能特征(唐爱平等,2015)。概念设计是由抽象到具体的过程,符号在建立广泛可应用的交流规则方面发挥着重要作用。建立用户对产品的认知能力,核心是通过符号向用户表达产品的功能性、指示性及象征性方面的语义。从 EPCD 角度,应用符号模型和语意传达理论,对 EP 形态与语义要素进行全面解构,依据语义传达有效性和有效率原则,逐渐地把概念性的 EP 要素凝练出来,并抽象成为用户可感知的信息。

在 EPCD 表达过程中,电子产品的几何形态、纹理图案、色彩配置等预期特征,在设计理念完成前均体现了抽象性的特征。应用语义学、语构学及语用学等符号学的原理与方法,构建各类要素的符号系统及其语义内涵,并进一步实现 EPCD 的抽象性表达。抽象性表达还体现在电子产品色彩设计理念方面;色彩是电子产品最重要的外部特征,EPCD 的抽象性表达中,通过挖掘产品的内涵属性及色彩的合理应用,准确地表达出电子产品抽象化特征(Roy et al.,2001;周丽蓉等,2016)。

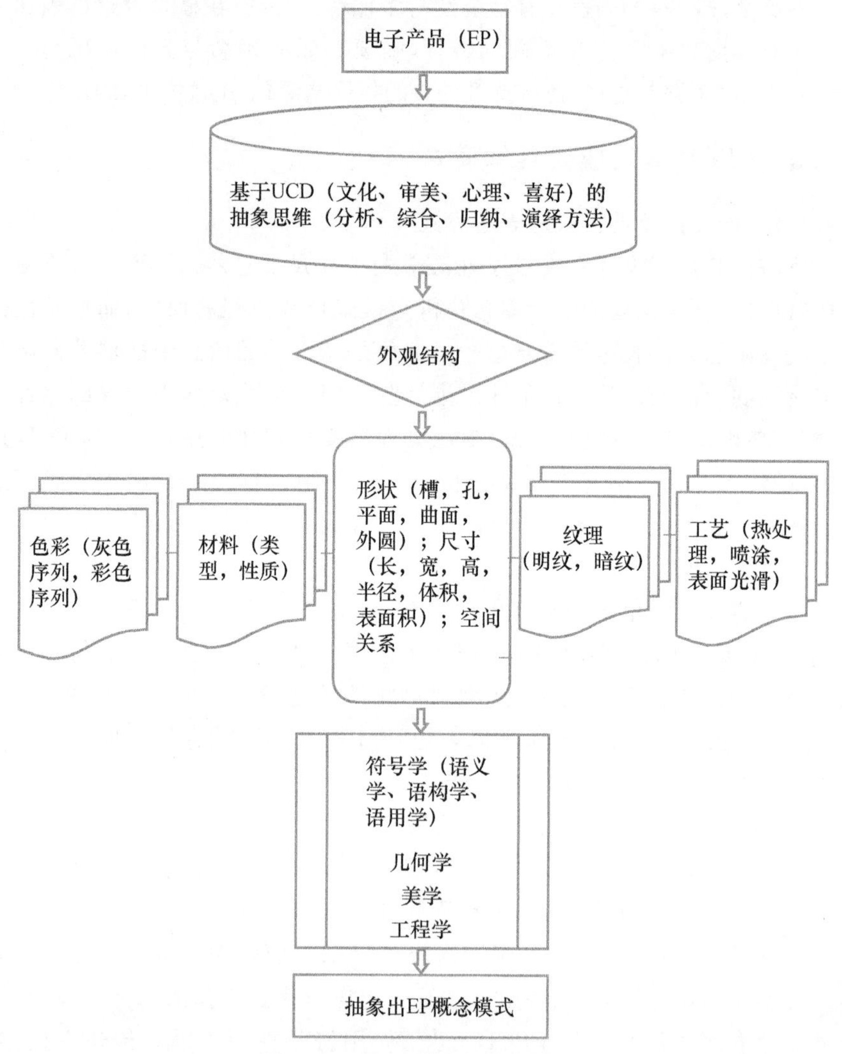

图 6-4　EPCD 模拟与抽象表达

由于概念设计过程中创造性思维所具有的特殊性，加之 EPCD 过程本身的复杂性，把复杂的要素通过抽象化的方式表达出来，并进一步赋予特定的内涵就显得尤为重要。

6.4.2.2　虚拟仿真技术的表达方式

在 EPCD 的表达方式方面，仿真技术的发展提供了电子产品设计表达的新途径。仿真技术是一门基于多学科发展起来的综合性技术，仿真需要仿真硬件和仿真软件等仿真工具来实现。目前，数字计算机是现代仿真的主要硬件工具，而各种仿真支撑平台、图形化建模工具可为 EP 仿真提供软件支持,并最终通过建立仿真模型和进行仿真实验的方法来实现电子产品仿真设计的表达。虚拟仿真又称虚拟现实技术(VR),其核心是用虚拟系统模仿真实现象。在 EPCD 的表达中,它借助于计算机硬软件支持的图像图形技术以及各种传感器技术、人机交互技术与 AI 等技术,构成 3D 信息的虚拟环境,使设计者、管理者及用户等不同人群获得逼真的环境感觉(视、听、触、嗅等)。并且,人们可以通过自然的方法与这个环境进行交互,帮助人们对 EPCD 方案提出建议以及可能改进的思路。图 6-5 重点反映了 EPCD 表达中,模拟仿真技术的地位与作用。

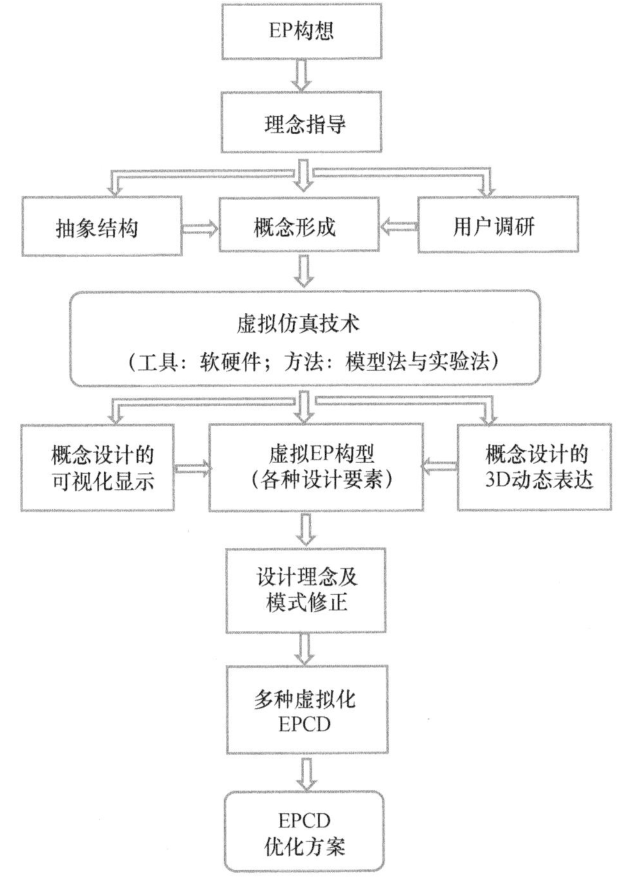

图 6-5 EPCD 模拟仿真技术表达的模式图

在概念设计领域,设计者开发出了基于 VR 的概念设计系统(如 3-DRAW、JD-CAD、COV IRDS 等),实现虚拟设计(virtual design)。基于人工神经网络(ANN)、遗传算法在产品开发过程中的工程设计的运用已相当广泛,将其引入概念设计,目前刚刚起步(Li et al.,2010)。虚拟仿真技术在 EPCD 表达中显示出极大的优越性。目前研发的面向产品设计的人机工程虚拟设计和评价的数字化工具,是现代电子产品设计的必然要求(王龙,2016)。在EPCD领域,一个产品实现功能的表现形式可能是多种多样的,涉及的物理结构也可能互不相同,所以如何将复杂、多态的问题转变成能够利用虚拟仿真的思维方法,就成为概念设计领域研究的重点。

目前,设计者结合虚拟工业设计相关理论,基于VRML技术,兼顾虚拟工业设计技术及其构造平台,实现虚拟工业设计的表达(程云华,2005)。作为EDA领域的专用软件(余华和岳秋琴,2001),英国的Proteus VSM Studio软件(郭亚琴等,2013;雷宁宁和雷媛媛,2014;苏玉萍,2016),可以进行EP仿真、分析各种模拟器件和集成电路,并提供印刷电路板设计工具,它们属于内部电路的仿真设计,不是本研究的内容,但Proteus作为目前最先进的电路设计与仿真平台之一,能够为EP的整体设计提供重要技术支撑。

6.4.2.3 图像分割技术的表达方式

20世纪末期以来,针对EP特点以及用户需求,基于专用的图像图形软件,或者研发具有EP设计功能的软件,开展EP的设计是实现EP结构与功能协调性的基础,而EPCD的表达是实现科学化与合理化设计的重要途径。

图像分割是针对拟设计的EP图像,把其分成若干具有特性的区域,并提出AOI及目标的技术和过程。无论是采用基于阈值或区域的分割方法,还是基于边缘的分割方法,都与EP整体图像形态及概念分解与分层表达的需要密切相关。基于相关方法对图像分割后,所提取出的目标可以用于图像语义识别以及图像搜索等EPCD的相关方面。围绕着EPCD的表达问题,相关软件中的概念设计系统模块也不断得以研发。目前,Pro/Engineer、Autodesk、Softimage以及3Dmax等,在一定程度上成为概念设计表达的重要平台。图像分割技术的表达方式如图6-6所示。

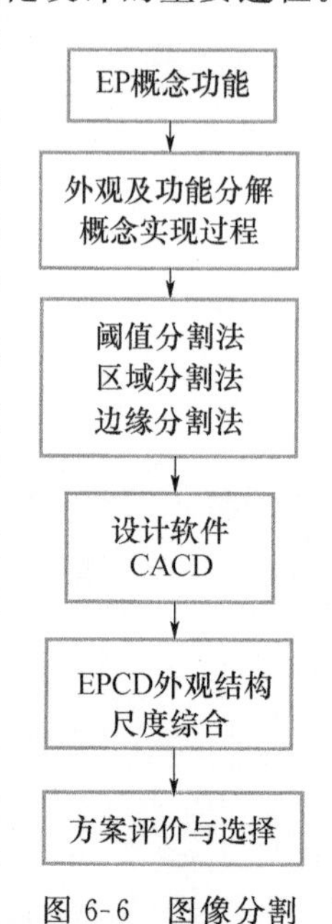

图6-6 图像分割技术的表达方式

随着人们对EP需求的不断增加,产品图案作为引导用户需求的重要因素之一,EP多样化与个性化特征也愈加明显。通过对产品图案进行系统化的研究,以提高产品图案的设计水平(薄华等,2004),成为图像分割表达的重要内容。目前,以设计心理学及产品生命周期管理理念为指导,针对产品图案设计的问题,建立合理的图案设计程序,对产品图案设计进行有效的指导和控制(刘青,2007;肖韶荣等，2008）。随着数字制图技术的发展，基于系列化概念设计方案的图谱表达，更能够体现设计思想的多样化以及满足不同人群目标产品的意愿。

CAD 技术对于 EPCD 的图像表达具有一定的借鉴价值。客观而言，基于几何模型的 CAD 技术，要真正实现概念设计理念创新的表达，还具有一定的难度。前面提到 EPCD 包含设计早期的功能、原理、形状、布局和结构设计等内容，针对其图像表达问题，以产品系统设计方法来构建 CACD 系统的思想，特别是研发以功能、形态、色彩及智能草图设计为内容的 CACD，在设计理念及方法上有原则性变化，特别是把设计重点从原来的详细设计阶段转移到了产品的概念设计阶段，是目前图像图形表达的重要技术支撑。

3D 打印（3DP）改变着 EP 研发进程（Dawid et al.，2013；王筱雪等，2015；Henry，2012），该技术基于 3D 数字模型，使用逐层制造方式将材料结合起来的一种工艺，是数字化技术、信息控制技术、材料技术以及 CAD/CAM 技术融合发展的产物（Robert，2013；高雷等，2008）。从多层次、多角度、多环节的角度，把电子产品的概念要素进行分解，每一方面借助于图像图形工具，进行单独及综合性图形图像表达，反映 EPCD 的特征。

概念设计集成了设计参与者的理念、智慧及经验，是全面创新的设计过程；市场需求的满足或适应是以产品的功能来体现的（邹慧君等，2005）。

6.4.2.4 产品概念情趣化的表达方式

用户情绪与产品外观具有密切的关系。将心理学中的情绪研究与设计中的产品外观研究相结合，是实现 EPCD 情趣化设计（emotional design）与表达的基础（温思玮，2007）。注重本能水平、行为水平和反思水平的设计创新，探索及挖掘产品设计中情趣化表达的原理、原则与方法（唐纳德・A・诺曼，2005；张婷，2007）。情趣化设计是对生活事件的创意表达，它以一种轻松、简洁、时尚的方式诠释设计者对 EP 的理解。同时，情趣化在 EPCD 中的表现手法和方式，特别是对设计语言的应用与设计元素关系的把握是其核心，并通过设计者的经验与技能，体现在 EP 的结构、材质、色彩、使用功能等要素中，引导人们对 EP 的喜好与向往。图 6-7 反映了 EPCD 情趣化表达模式。

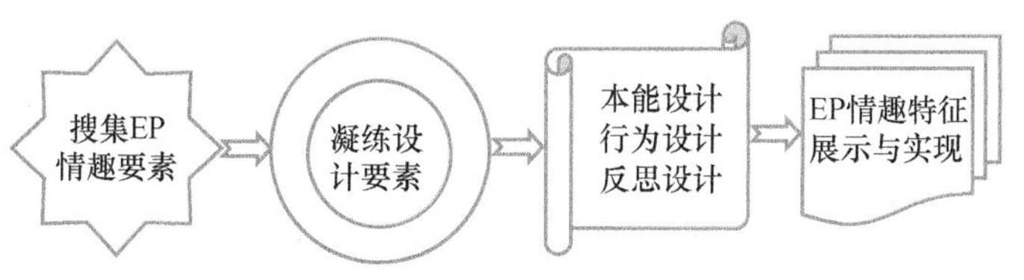

图 6-7 EPCD 的情趣化表达模式

目前，挖掘用户对于EP的情感意象，能够有效地指导产品意象性概念设计。从多视角的产品设计表达模型为切入点，并且从产品用户、概念设计者、产品经理、结构设计者以及工艺设计者等设计参与者的角度，系统分析不同设计参与者在EPD中地位与作用（姜莉莉等，2014），是实现情趣化设计的基础。

第7章　EPCD的综合评价

7.1　评价的一般原理与思路

EPCD的最终实现需要经历概念的生成和概念的评价等重要阶段。概念设计作为产品创新环节，也是后续设计的基础。EPCD成功与否，对设计方案的综合评价起着关键作用。前面已经对概念生成等诸多方面的问题进行了探讨，此处主要针对概念设计评价问题进行研究。客观而言，评价是按照明确EPCD目标测定对象的属性，并把它变成满足用户要求状况的行为。在具体的评价过程中，需要构建评价体系，制定评价标准，使其具有可测量性。设计的评价是以设计为对象的评价，力图发现与明确问题，进一步规范设计的流程与思路。概念设计评价的核心目的是产生具有良好发展价值的概念设计方案。同时，概念评价又是基于相关标准来评价和比较产品概念，进行产品概念选择的过程。科学细致的评价可以减少后续设计中的偏差，增强新产品的成功效率。

在EPCD的概念梳理、凝练、形成、表达及实现过程中，概念设计过程与功能分析相关的价值分析、失效分析、概念分析、信息分析、AI等各种方法，以及基于模糊集合理论的多目标模糊加权均值法(FWA)(Abo-Sinna et al., 2005)，对于解决EPCD评价问题具有一定的适用性。通过AHP和模糊评价法对电子产品的几个指标进行评价，具有重要的理论前瞻性与现实必要性。根据概念设计阶段评价指标具有模糊性和层次性的特点，模糊综合评价也被用于概念设计方案的评价(陈守煜，1995；李霞等，2007)。本章综合了前人在EPCD领域所做评价研究的启示，同时采用了两种评价方法，AHP和Fuzzy评价法进行定性和定量的计算。由于电子产品范围繁杂广泛，无法精确地划分电子产品的类别，在分析择优问题时，不能把多个目标看成单一目标进行研究，这就为概念设计及其评价过程增加了诸多难度。但在现实评价中，在确立关于某一类电子产品的评价指标体系的基础上，对特定的EPCD进行评价，成为EPCD理念及其评价的重要途径(潘杰义等，2004)。在设计目标明确的前提下，应用AHP构建EPCD的评价体系，可以提升设计和评价的效率(陆建华，2010)。

7.2 评价的具体方法及途径

关于 EPCD 是否合理，是否科学，是否包含了设计理念，是否体现了其应有的特征，设计方案是否可行，还需要进行必要的分析与评价，才可能综合性地把握其客观状况。

7.2.1 EPCD 评价的主要方法

前面已经提到概念设计的评价核心目标是要产生具有发展价值的概念设计方案；而经验评价方法、数学分析评价方法和试验评价方法，则是产生创新设计的常用评价方法（William et al. ,2007）。需要提及的是数学分析类评价方法是运用特定的数学工具进行分析、推导和计算，获取定量评价参数的评价方法，此类方法可以提高评价的客观性与准确性，被众多产品设计者或者相关研发人员所推崇。概念设计评价过程一般由评价者、评价项目、评价标准、评价方法四个元素组成。通常采用定性和定量分析方法，依据用户满意度进行设计效果的心理评价（马超民，2007）。

概念设计评价是一项复杂的综合性工作，设计者及其所设计产品的目的不同、环境不同、时间不同，加之评价过程本身的复杂性均会对评价结果造成了直接或者间接的影响，评价结果也就在一定程度上表现出不确定性特征。概念设计动态评价模型研究（刁培松等，2003），对于丰富 EPCD 具有一定启示意义。当前在方案评价方面，还出现了 AHP、质量功能配置方法（QFD）、Fuzzy 评价法（杨涛等，2015）、灰色评估法、基于知识的评价法，以及基于 ANN 的评价法等。它们从不同角度对设计方案进行估判，力求获得最佳满意度的评价结果（Yang et al. ,2005）。在目前概念设计中，可供借鉴的 EPCD 评价的主要方法，如表 7-1 所示。

表 7-1　EPCD 评价的主要方法

	方法名称	经验性评价方法	数学分析类评价方法	试验评价方法
设计评价方法	隶属方法	排队法、淘汰法、点评价法	名次记分法、技术经济法、Fuzzy 评价法	模拟试验或样机试验
	创新方法	AHP、QFD、Fuzzy 评价法、灰色评估法、基于知识的评价法，基于 ANN 的评价法		
设计效果心理评价方法（满意度评价）	定性分析法	案例研究法、心理描述法、焦点访谈法、观察法、投射法		
	定量分析法	问卷法、实验法、抽样调查法、语义分析量表法等		

7.2.2 EPCD感官与心理评价

EPCD过程具有一系列的不确定因素，影响了概念设计的评价过程。在这种背景下，感官评价(sensory evaluation，organoleptic evaluation)能够发挥一定的作用。EPCD参与者通过感官来感受产品，从设计的角度对产品的造型、色彩、材料、功能、使用方式进行比较和评估，是最为直接的产品设计评价。无论是通过视觉、触觉、嗅觉，还是借助于听觉和味觉，根据人的不同感官体验，各自对EPCD产生不同的印象，实现对EP的感觉与判断。基于感官评价的基础，通过人的感官对EP的感受，把模糊不清的评价因素逐步量化，实现感官评价的功能。

应用感官评价方法对PCD进行评价是设计参与者对产品的外形、功能以及实用情况的评价，具体对EP的造型、色彩、材质、功能等方面的评价。把最直观的感官作为标准，获取不同人群的感受与反馈信息，实现EPCD的评价，也反映了不同理念对产品设计的综合影响。建立产品的心理属性(PAP)评价体系及评价标准，则使评价趋于合理(Yang et al.，2005)。用户是产品设计中感官评价方法的主要人群，用户对产品各类属性的感官感受，以及大量代表性人群的感官体验都隶属于产品的感官评价范畴；其感受的综合性统计结果可作为概念设计创新与改良的依据。表7-2反映了EP心理特征评价的主要特点。

表7-2 EP心理特征评价的主要特点

标准名称	评价标准	评价依据
相对性评估	同期其他EP产品的水平	比其他EP产品优/劣程度
改进性评估	EP同系列前代产品特征指标	比前代EP创新的程度
可达度评估	市场客观标准设立EP目标产品	达到基本标准或目标状况
认可度评估	EP制造商或设计者认可的标准	满足评估者标准状况

感官评价结合了心理、生理、物理等科学理念，并测量、分析以及解释出人的听觉、视觉、嗅觉等方面对EPCD感受的反应状况及其程度，以此来测试产品质量特性。把此种方式用在EPCD方案评价中，可以确定评价结果的科学性以及价值，便于选取最好的方案。

7.3 EPCD的AHP评价

目前，关于EPCD的评价有诸多方法，AHP是系统性及实用性比较强

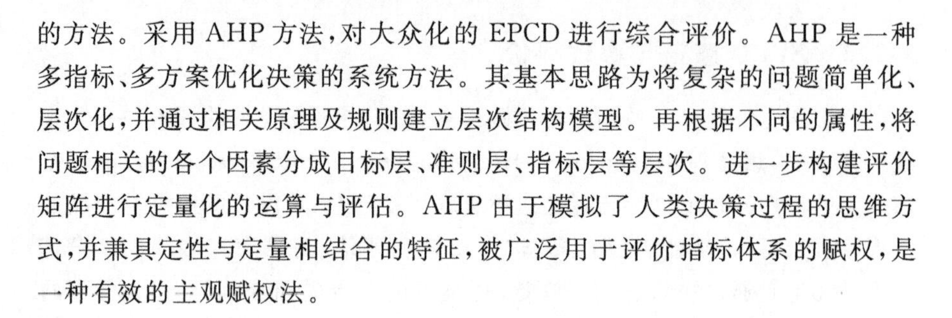
的方法。采用AHP方法，对大众化的EPCD进行综合评价。AHP是一种多指标、多方案优化决策的系统方法。其基本思路为将复杂的问题简单化、层次化，并通过相关原理及规则建立层次结构模型。再根据不同的属性，将问题相关的各个因素分成目标层、准则层、指标层等层次。进一步构建评价矩阵进行定量化的运算与评估。AHP由于模拟了人类决策过程的思维方式，并兼具定性与定量相结合的特征，被广泛用于评价指标体系的赋权，是一种有效的主观赋权法。

7.3.1 设计调查问卷

基于EPCD的SDI、GDI、USD、IDI设计理念，结合影响设计需要考虑的要素以及原则，重点针对EEP开展用户信息的调查与收集。问卷设计了不同职业、不同年龄人群对电子产品性能（质量可靠性、使用方便性、产品安全性等）、价格、品牌、外观（形状、材质、色彩、个性化、时尚性及轻便程度等）以及其他特征的偏好，借助于网络平台开展各类人群对EEP利益点的关注。

在实际调查中，有反馈信息的问卷342份，剔除了问卷签写不完备、信息不准确以及时间延迟提交的问卷之后，回收真正有效问卷243份。就年龄结构而言，处于18岁至20岁之间的人群占比最大，为46.91%，其次为21岁至25岁人群占到36.63%，大于30岁的人群比例最少，仅占2.06%。在职业特征中，依次为在校学生、刚参加工作、工作3年以上及暂时无业人群，分别占到调查人群的77.37%、11.52%、8.04%及2.47%。在此基础上，共收集到了用户在购买电子产品过程中考虑的利益点，特别是性能、价格、品牌、样式（美观程度）以及其他五个要素。选符合用户要求的外观设计，则需要更精确地量化计算，试图AHP来分析，找到适合同类产品的一个广泛的评价方法。

为了使各因素对比时更加准确，重点针对这五个利益点，让用户按照重要程度进行排序，针对回收的243份有效问卷，进行信息分析。根据所有调查对象对选项的排序情况，自动计算得出不同人群对特定EPCD的总排序，得分越高的选项要素表示综合排序越靠前。计算方法如下：

$$选项平均综合得分=(\Sigma 频数\times 权值)/本题填写人次$$

权值由选项被排列的位置决定。例如有三个选项参与排序，则排在第1个位置的权值为3，第2个位置的权值为2，第3个位置的权值为1。用户对EP利益点的关注，调查结果如图7-1所示。

通过权重赋值以及定量计算，得出EPCD中影响要素及重要性程度依次为性能、价格、品牌、实用性及美观程度，其重要性程度定量化值依次为

4.58、4.18、3.93、3.81 及 3.41，在一定程度上反映了不同人群对于 EPCD 的感悟。但是，要把调查人群对 EPCD 的喜好，拓展到更广泛的人群，还需要其他设计参与者（设计者、管理者等）进行分析与评价，而 AHP 方法的具体应用，则是解决下一层次问题的重要途径。

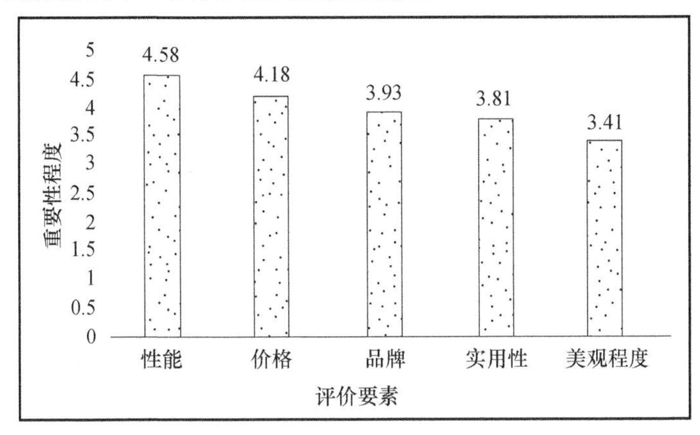

图 7-1 用户 EP 调查直方图

7.3.2 建立层次结构模型

基于对 EPCD 评价所涉及的因素的深入分析，将 EPCD 评价问题中所包含的因素划分为目标层（A-aim layer）、准则层（C-criteria layer）和指标层（F-factor layer）等层次。在本书中 A 层为希望获得的 EPCD 优化方案。C 层为影响 EPCD 的要素类型，体现在功能性、经济性、外观性等方面，它们构成了评价决策 EPCD 方案的准则；具体包含五个准则 C1：性能；C2：样式（美观程度）；C3：品牌；C4：价格；C5：其他。在本书中，F 层为基于相关要素组合的 EPCD 具体方案。评价的层次结构如图 7-2 所示。

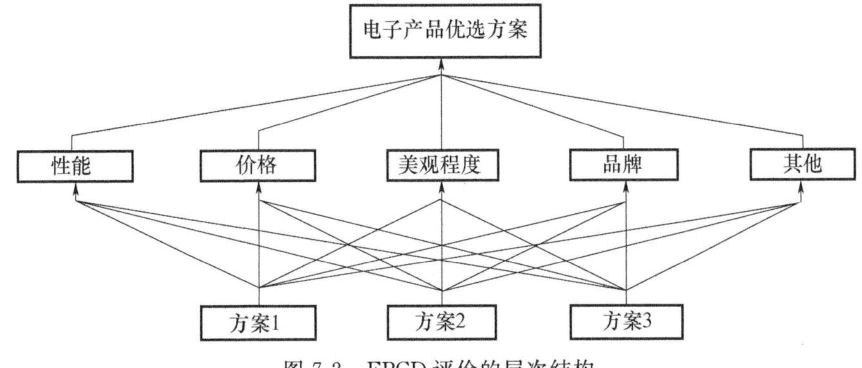

图 7-2 EPCD 评价的层次结构

7.3.3 构造判断矩阵

按照 AHP 的一般原理，将同一层中 EPCD 评价因素两两进行比较，对每一层中各因素相对重要性给出一定的重要性程度的判定。具体而言，采用 1～9 的比率进行两两因素之间的相对比较。综合 EPCD 设计要素及其要素的表现特征，如果 C_i 比 C_j 同样重要，则 $C_{ij}=1, C_{ji}=1$；如果 C_i 比 C_j 稍微重要，则 $C_{ij}=3, C_{ji}=1/3$，…，如此持续，最终构造出某一层次因素相对于上一层次的某一因素的判断矩阵。

根据回收的问卷，构造判断矩阵。本案例应该建立六个判断矩阵，具体如下：

(1)针对目标层，衡量 EPCD 新产品开发方案优劣指标的重要性。根据准则层各因素对方案优劣评判的贡献，建立 **A～C** 判断矩阵，见表 7-3。

表 7-3 目标层 **A～C** 判断矩阵

目标(A)	C_1	C_2	C_3	C_4	C_5
C_1	1	1/4	1/7	1/4	3
C_2	4	1	1/2	3	8
C_3	7	2	1	5	9
C_4	1/2	1/3	1/5	1	7
C_5	1/3	1/8	1/9	1/7	1

(2)利用最小二乘法确定五个评价要素指标的权重。首先对五个评价指标 C_1 美观程度，C_2 价格，C_3 性能，C_4 品牌，C_5 其他的重要性进行两两对比，把 C_i 对 C_j 的相对重要性记为 C_{ij}，同时认为 $C_{ij}\approx w_i/w_j$，w_i、w_j 分别表示指标 C_i 和 C_j 的权重，则两两对比的结果的判断矩阵可表示为：

$$\boldsymbol{C}=\begin{bmatrix} C_{11} & C_{12} & C_{13} & C_{14} & C_{15} \\ C_{21} & C_{22} & C_{23} & C_{24} & C_{25} \\ C_{31} & C_{32} & C_{33} & C_{34} & C_{35} \\ C_{41} & C_{42} & C_{43} & C_{44} & C_{45} \\ C_{51} & C_{52} & C_{53} & C_{54} & C_{55} \end{bmatrix} \quad \boldsymbol{C}=\begin{bmatrix} 1 & 1/4 & 1/7 & 1/4 & 3 \\ 4 & 1 & 1/2 & 3 & 8 \\ 7 & 2 & 1 & 5 & 9 \\ 1/2 & 1/3 & 1/5 & 1 & 7 \\ 1/3 & 1/8 & 1/9 & 1/7 & 1 \end{bmatrix}$$

在前面的基础上，针对准则层与 EPCD 开发方案之间两两比较，建立 **C～F** 判断矩阵：$C_1-\boldsymbol{F}$、$C_2-\boldsymbol{F}$、$C_3-\boldsymbol{F}$、$C_4-\boldsymbol{F}$ 及 $C_5-\boldsymbol{F}$。

7.3.4 进行层次排序

其目的是对上一层次的某元素而言，确定本层次与之有联系的元素重要性次序的权重值。具体而言，计算判断矩阵的特征根和特征向量。

(1)计算5阶判断矩阵 **A～C**,每一行元素之乘积 T_k

$T_1=1\times1/4\times1/7\times1/4\times3=3/112=0.0268$

$T_2=4\times1\times1/2\times3\times8=48$

$T_3=7\times2\times1\times5\times9=630$

$T_4=1/2\times1/3\times1/5\times1\times7=7/30=0.2333$

$T_5=1/3\times1/8\times1/9\times1/7\times1=1/1512=0.0007$

在此基础上,可以获得 T_k 的5次方根,分别为 $\overline{T}_1=0.4849$,$\overline{T}_2=2.1689$,$\overline{T}_3=3.6297$,$\overline{T}_4=0.7475$ 及 $\overline{T}_5=0.2339$。同时,获得 $\sum T=7.2649$。

(2)归一化处理获得特征值 Wk

基于归一化处理的方法,$W1=\overline{T}_1/\sum T$,以此类推,可以得到 Wk(其中 $k=1,\cdots,n$)。具体而言 $W1$,$W2$,$W3$,$W4$ 及 $W5$ 分别为 0.0667,0.2985,0.4996,0.1029 及 0.0323。进一步计算准则层 C 的相对权重向量。

$$AW=\begin{bmatrix}1 & 1/4 & 1/7 & 1/4 & 3\\ 4 & 1 & 1/2 & 3 & 8\\ 7 & 2 & 1 & 5 & 9\\ 1/2 & 1/3 & 1/5 & 1 & 7\\ 1/3 & 1/8 & 1/9 & 1/7 & 1\end{bmatrix}\cdot\begin{bmatrix}0.066\\ 0.2985\\ 0.4996\\ 0.1029\\ 0.0323\end{bmatrix}=\begin{bmatrix}0.3356\\ 1.4851\\ 2.3687\\ 0.5937\\ 0.1620\end{bmatrix}$$

(3)近似计算最大特征根 λ_{max}

据公式 $\lambda_{max}=\dfrac{1}{n}\sum\limits_{k=1}^{n}\dfrac{(AW)k}{Wk}$ 可以得出,λ_{max} 为5.1066。

由一致性指标 $CI=[(\lambda_{max}-n)/(n-1)]$ 可知,当阶数 n 为5时,可求得 CI 为0.0267。

在AHP中,判断矩阵的平均随机一致性指标,当矩阵维数(阶数)n 为5时,平均随机一致性指标 RI 值为1.12。

又由判断矩阵的随机一致性比例 $CR=CI/RI$ 可知,本书中 CR 为 $0.0238<0.1$,判断矩阵 **A～C** 具有满意的一致性。

利用同一层次中所有层次单排序的结果,计算针对上一层次而言的本层次所有元素的重要性权重值。可以获得层次总排序。本书是针对电子产品目标层而言,本层次各要素重要程度的排序,**A～C** 层是第一层,其层次单排序本身就是相对EP新产品开发方案优选评价总目标而言的,所有相对权重向量也就是其总排序的结果。

7.3.5 获得评价结果

基于前述途径,进一步通过综合运算,得出EPCD过程中的重要影响要

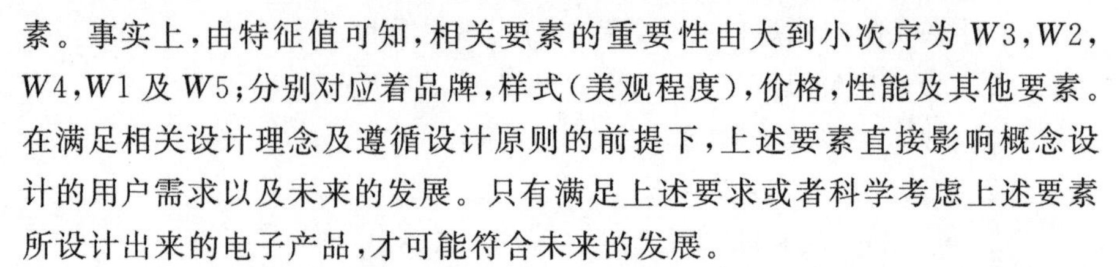

素。事实上，由特征值可知，相关要素的重要性由大到小次序为 $W3$，$W2$，$W4$，$W1$ 及 $W5$；分别对应着品牌，样式（美观程度），价格，性能及其他要素。在满足相关设计理念及遵循设计原则的前提下，上述要素直接影响概念设计的用户需求以及未来的发展。只有满足上述要求或者科学考虑上述要素所设计出来的电子产品，才可能符合未来的发展。

随着信息与网络技术的发展，影响产品开发过程的因素也日益复杂化与专业化。因此，设计分工的细化，考虑因素的繁多，设计者的概念也日趋符号化。从宏观来说，设计与生产不可分割；从微观来说，制约与影响 EPCD 的因素错综复杂。在众多因素的影响下，EPCD 设计部门控制好设计产品的质量，就显得日益重要。基于相关评价方法及模式，了解了评判质量的标准就可以在 EPCD 过程中控制预期未来的产品形态及其质量。

7.4 EPCD 创新与展望

7.4.1 主要特征及规律

现代电子产品的设计在不断创新中被赋予了一系列的时代特征，直接影响着产品设计的理念与模式。随着电子信息技术的发展，电子产品概念设计（EPCD）备受关注。EPCD 需要用理性的逻辑思维来引导感性的形象思维，并科学地表达电子产品的诸多特征。纵观 EPCD 的发展进程，对于 EPCD 理念及其设计的科学性、实用性、便捷性、经济性等进行综合评价，成为合理界定与科学判定设计效果的重要环节。“互联网＋”背景下，电子信息技术得到了进一步发展，面对多元化的电子产品，概念设计成为产品创新的重要前提和基础，但仍有诸多问题需要研究。

基于电子信息技术的发展背景，在电子学、工程学、语义学、图形学以及信息技术、计算机技术、网络技术、数据库技术等理论与技术的指导下，探索概念设计的理念，研究概念设计的特点，认识概念设计的规律，进一步评价概念设计的合理性，实现概念设计的信息化管理，具有重要的理论价值与重要的现实意义。总体而论，EPCD 创新性及时代化特征鲜明。EPCD 是设计领域的重要组成部分，在目前科技发展水平下，基于概念设计本身学科内涵，体现了 EPCD 首先具有产品的抽象性及其探索性；同时，在目前社会发展状况下，EPCD 也具有产品独创性与时代创新感；在人们生活理念不断提升的背景下，产品形态与功能的协调性成为概念设计的重要考量指标，EPCD 的产品外观特征的人性化也充分得以体现，人们的心理及各类需求得以全面满足。通过系统研究与综合探索，获得关于EPCD的若干特征及规律。

7.4.1.1 心理学及相关理念科学指导EPCD

多种理论指导着EPCD的进程，对于启发引导产品设计发挥着重要作用。而设计心理学、色彩心理学、社会心理学、行为心理学、行为哲学等直接影响着设计者及公众对于产品的理解与认知。设计美学以及各类工艺学则对于提升产品D&M的合理性、科学性、适用性及新颖性等发挥着不可取代的作用。基于概念设计的内涵特征以及电子产品的特点，结合工艺学、图像图形学、电子学等学科的理论，探讨了产品语义原理与概念设计，绿色设计理念与概念设计，用户中心理念与概念设计，时代创新理念与概念设计的关系，系统地凝练与提出了目前EPCD的主要理念，对于形成EPCD的理念体系，具有重要理论价值。

针对电子产品的特点，EPCD一系列理念得以挖掘、凝练、抽象、提升，成为指导概念设计的理论基础。其一，将产品语义学原理运用到EPCD中，探索人的情感与产品设计的关系，提升电子产品的文化内涵。其二，绿色设计理念(GDI)倡导人与环境协调的系统设计思路，引导人们的生活方式和消费观念。其三，用户中心设计(UCD)理念，把EPCD界定为探索人与物的关系，用系统科学的思想设计出符合用户心理的电子产品。其四，创新设计理念(IDI)贯穿于EPCD的各个环节，体现在挖掘相关信息，实现由模糊到清晰，由抽象到具体的整个过程。目前，EPCD研究涉及电子信息学、产品语义学、心理学等学科原理，同时，也需要设计美学、品牌设计效果理论的支撑；多学科理念相互融合共同保障EPCD的创新与发展。

20世纪90年代，国外把动机心理学(motivational psychology)、认知心理学(cognitive psychology)、社会心理学(social psychology)等与计算机科学(computer science)等结合起来，开拓了设计领域的新风尚。产品的功能设计是概念设计中极为重要的一环，是对产品的功能行为进行挖掘、抽象、凝练、描述和表达，在EP和分析中具有重要的作用。在功能和结构之间通过行为约束建立映射关系，对概念设计中的功能结构的实现具有重要的意义，是对功能需求的行为实现过程的详尽描述。在全球一体化及技术创新的背景下，人们应该重新审视各类设计理念与设计方法的可行性与局限性，挖掘设计心理学(design psychology)、设计美学、材料工艺学理念以及AI、CAD、VR、3D打印(3DP)等技术与产品设计的潜力，寻找突破设计理念与模式化的方法与途径。

本书体现了多学科与多技术融合与创新的特点。基于电子产品概念设

计的内涵特征，把电子学、工程学、语义学、图形学、逻辑学以及信息技术、计算机技术、网络技术、数据库技术等理论与技术，综合性地应用到了概念设计的理念凝练与归纳及其表达模式等方面，全面地分析了电子产品概念设计的理念以及评价的相关问题，是电子产品概念设计领域的新进展。

7.4.1.2　方法技术直接制约 EPCD 综合效应

本书系统地分析与探讨一系列方法技术在 EPCD 中的作用，阐述了各类方法与 EPCD 效果的内在联系。

从心理学学科来看，BD、CC 时代不仅为心理学研究创新提供了可能性，促进了一些新的心理学科的出现与发展。心理学研究要重视多变量间的复杂关联性研究，需要借助于 BD 与 CC 相关的技术平台及工具，同时利用机器学习(Machine Learning，ML)、AI 等新兴学科的计算思想与方法，努力整合创立心理学学科的研究范式，以促进心理学学科的创新发展，进一步促进设计心理学以及产品设计领域的发展。在科技快速发展的当代社会，技术正在改变着世界。随着数字化的发展，DVC、DVD、DTV、VCR、数字相机(digital camera)、智能手机(smart phone)等产品已常态化，使成熟的消费电子产品(Consumer Electronic，CE)孕育了新的生机，扩大了电子产品的市场。AV 产品的数字化又牵动了产品小型化、高功能化、互动化、网络化等新的应用方向(邵虞，1999)。

目前，工业自动化(industrial automation)进程稳步推进，机器人逐渐成为各行各业的前沿产品。现阶段的智能机器人(intelligent robot)只是依据先验知识和采集数据，按照预定规则设计的仿生机器人(bio-robot)，其生物特点不明显且缺乏沟通互动能力，与真正的 AI 还有一定的差异。具有独立逻辑思维、完全自主学习能力(autonomous learning ability)的模拟 Bio-robot 的实现，仍是一项世界性难题。即使如此，但对于机器人的热情和技术研发随着电子信息行业的更新换代，研究和生产规模越来越大(孙静等，2017)。从人机交互(Human-Computer Interaction，HCI；Human-Machine Interaction，HMI)、动作语言沟通、模拟真实生物体、自主排除故障和修复再生、功能种类多样化等方面详细展开，探索其未来的实现方式，并对其进行可行性分析，对于电子产品的设计与制造具有重要启示与借鉴价值。AI 对交互的感知方式及认知逻辑影响较大，交互设计(Interaction Design，IaD)的方法、IaD 的流程、认知心智模型、IaD 技术及交互界面的表现方式在 AI 的影响下，已经发生了根本性改变。IaD 面对新的技术变化，需要从技术哲学与创新思维及设计技法方面进行新的探索。覃京燕(2017)对比研究人类智能与 AI 的差异关系，结合无人驾驶车产品服务系统的交互设计等案例分析,提出混合智能的概念,辨析AI与人类智慧混合作用于IaD所带来的变化。毫无疑问,通过AI产品IaD,印证AI对IaD带来的深刻影响,并将全面地影响与改变电子产品设计领域的全面创新发展。

7.4.1.3 表达方式客观呈现设计理念与设计

EPCD的内涵特点决定了EPCD具有不同的表达方式。设计理念与设计方法的多元化也预示着EPCD具有不同的表达方式。产品设计的表达方式是直接展示设计理念与设计效果的载体,这种载体既有实体表达,也有虚拟表达,成为EPCD科学表达的重要方式。

通过系统研究与分析,探索了四种EPCD的表达方式,特别是凝练出了EPCD过程不同阶段的概念抽象性表达方式、虚拟仿真技术表达方式、图像分割技术的表达方式、设计概念情趣化表达方式。相关EPCD的表达方式,对于产品概念化理念的逐步具体化,以及形成现实模式具有重要作用。

7.4.1.4 应用AHP方法评价EPCD效果具有可行性

EPCD评价是具有复杂性的多准则评价过程。基于多因素对EPCD的影响,结合感官评价法、模糊数学评价法以及AHP等方法,重点用AHP方法对概念设计进行定量化评价。由于EPCD阶段设计信息的模糊性和不完备性,使评价结果也具有一定的不确定性。EPCD过程一般由评价者、评价项目、评价标准、评价方法等要素组成。基于AHP基本思路,将EPCD问题的相关因素分成目标层、准则层、指标层等若干层次;通过建立EPCD层次结构模型;最终定量评估EPCD相关要素的重要性程度及其对设计结果的影响。

通过全面系统地研究EPCD理念及其评价问题发现,科学合理的设计理念是EPCD的基础,EPCD创新性与时代感等特征鲜明。针对EP外观、颜色、材料、机理以及舒适感等影响要素,基于AHP原理,构建EPCD层次分析模型及其评价指标体系,通过权重赋值以及定量计算,得出EPCD中影响要素及重要性程度,AHP方法评价EPCD效果具有可行性。随着对EPCD机理研究的深化,EP设计理念的不断创新是未来EPCD的基础,规范化与标准化是EPCD的重要方向,模型化及专用工具是EPCD关键技术,多模式评价是EPCD科学发展的保证。与此同时,EPCD表达模型的研发将进一步多样化,EPCD方法及技术的探索不断拓展,EPCD独特性及文化内涵的体现更加明显。

在系统分析概念设计要素的基础上,重点针对EP外观、颜色、材料、机理以及舒适感等要素,基于AHP原理,构建EPCD层次分析模型,指标体系,权重赋值以及定量计算,得出EPCD的定量化数值。进一步得出EPCD

中影响要素及重要性程度依次为性能、价格、品牌、实用性及美观程度，其值分别为 4.58、4.18、3.93、3.81 及 3.41，反映了人们对于 EPCD 的认知以及诸多方面的特征。AHP 方法能够满足 EPCD 综合评价的需要。

7.4.2 存在问题与展望

目前，信息技术的集成化、网络化与智能化发展特征明显。特别是运用了 BD 技术的电子产品能够通过 Internet、IOT 实现产品之间、用户之间、产品与服务商之间的实时联系，可以通过设计云服务功能，实现信息存储与共享。EP 还可以通过网络不断进行功能升级，优化系统结构，达到不断创新的目的(Heiner et al.，2012)。围绕着电子产品的发展特征，开展微型化、绿色化特征的新型电子产品设计，成为 EPCD 的重要趋势。

7.4.2.1 EPCD 主要问题

(1)EPCD 理念形成的复杂性蕴含了本研究的局限性。EPCD 是一项复杂的系统性工作，涉及诸多学科及专业的基础与方法，需要灵活及综合性地应用。科学合理的 EPCD 涉及电子学、制图学、工程学、逻辑学、心理学、美学以及信息技术、数据库技术、网络技术以及 GIS、3Dmax、CAD 等技术的支撑，同时，还需要准确把握大众心理以及社会需求。良好的电子产品概念设计，是上述诸多要素综合集成的结果。而要全面系统地获取、处理及分析应用其为 EPCD 服务，更需要对当代绿色发展理念以及历史文化的深刻感悟。在较短的时间内，对于如此纷繁复杂的问题进行探索，具有一定的难度。同时，电子产品类型多样，结构复杂、功能多样化特征明显，涉及外观、颜色、材料、价格、舒适性等诸多方面的问题，要科学准确地凝练出概念设计的元素，并合理地形成 EPCD 的科学理念，需要长期及深入地研究探索。本次研究时间稍短，对于相关电子产品理念的挖掘、凝练与提升还不充分，未来还需要进一步凝炼思路，拓展方法，集成创新更为系统、全面的 EPCD 理念，为 EPCD 的合理设计、科学设计、优化设计提供战略性指导。

(2)EPCD 要素的多样化预示着效应评价存在不确定性。前已提到，电子产品种类繁多，即使 EEP 也是品种多样，基于相关设计理念，进行样本调查，获取不同人群对其概念设计定位的兴趣以及喜好，是基本的，也是必须的，但样本的代表性及典型性历来是决定最终效果的基础，限于时间及空间的制约，本次有效样本数为 243，年龄要素而言，46.91%的人群年龄处于 18～20 岁；从职业特征而言，在高校学生占绝对优势，达到了 77.37%；而电子产品技术研发人员的样本数相对较少，在一定程度上信息量的系统性及全面性受到了制约。加之 AHP 评价方法需要权重等信息数据的处理，在其

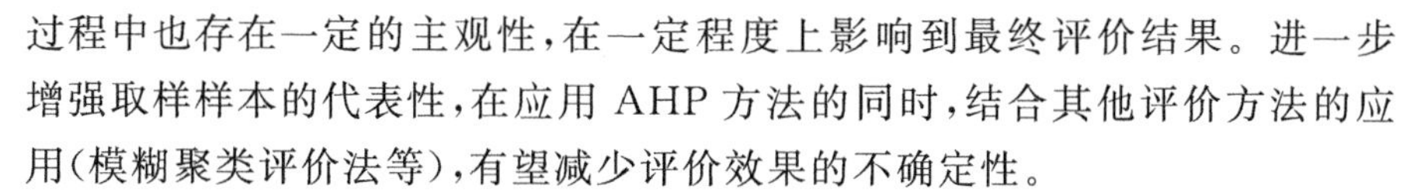

过程中也存在一定的主观性，在一定程度上影响到最终评价结果。进一步增强取样样本的代表性，在应用 AHP 方法的同时，结合其他评价方法的应用（模糊聚类评价法等），有望减少评价效果的不确定性。

7.4.2.2　EPCD 研究展望

（1）EPCD 机理的研究逐步深化。研究概念设计的内在本质，探索概念抽象的逻辑过程，把握信息传递的规律，对于认识概念设计内涵特征，进一步揭示概念设计机理具有重要作用。

（2）EPCD 表达模型的研发进一步多样化。概念设计过程中需要不同模型对设计要素进行表达，设计过程模型、信息表达模型、方案生成模型，仍是未来 EPCD 的研究重点。探索信息挖掘模式，研发各类推理模型，拓展信息表达途径，将是实现复杂 EPCD 的有效手段。

（3）EPCD 方法及技术的探索不断拓展（专用设计软件的研发等）。技术进步是促进 EPCD 水平的重要支撑，并行和协同设计技术研究对于提升定制产品概念设计过程具有重要帮助。同时，概念设计过程中的智能支持技术研究，对于提升 EPCD 能力亦具有重要作用，同时，对于保障 EPCD 评价过程中的智能支持也具有重要意义。

（4）EPCD 独特性及文化内涵的体现更加明显。电子产品在新的时代背景下必须满足时代的需求，特别是人们独特的审美、人文、环境、文化等需求，因此，未来的 EPCD 在传承以往设计理念的同时，进一步与社会物质文化法制相协调，使设计出的电子产品体现出一系列的独特性与文化特色。

第8章　EPCD管理系统构建

8.1　系统研发的一般背景

"互联网+"及电子信息技术日新月异的背景下，基于ArcGIS Engine的功能，构建EPCD的模式，建立图层管理模块、外观分析模块、成图制图模块及数据管理模块，同时建立EPCD的类型数据库、属性特征数据库、用户特征数据库、材料数据库以及市场趋势数据库，综合性地建立电子产品概念设计的管理信息系统(以下简称EPCDMIS)，提升EPCD的整体水平。电子产品信息化建设是现代电子产品建设的重要内容(许凤慧和肖韶荣，2010)，借助于信息技术，构建一个统一的、开放的管理信息系统，对于优化电子产品管理提供可靠的信息支持，有利于实现电子产业可持续发展。随着信息技术的发展，大数据时代背景下，我国电子信息化逐步向智慧产业、数字产业方向稳步发展，建立健全电子产品管理机制，构建结构完整、数据规范的电子产品管理数据库，不断推进电子产业经济技术的信息化的发展进程(杨柳静等，2016)。据此，提出EPCDMIS的开发理念、原则及模式，对于EPCD的科学化、标准化、智能化的创新发展，无疑具有基础性的推动作用。

电子产品是人们的重要工作与生活用品，从电子产品的特征出发，电子产业对产品数据管理系统需求具有迫切性，建立EPCDMIS具有必要性。目前，知识创新的理念伴随着"互联网+"的快速发展，不断地拓展到了资源环境与社会经济的各个领域。刘全良等(2003)根据PCD不同性质模型，研究基于模糊的网络评价算法设计，作为EPCD选择方案的依据。

GIS作为管理空间数据的计算机系统，在诸多专业及行业的信息获取、信息处理、信息管理、信息共享及信息应用等方面，发挥着重要作用。信息技术日新月异，电子信息产业在国民经济与社会经济发展中的作用愈加突出，不断提升电子产品的质量，满足各类用户的需求，成为EPCD的关键问题。为此，基于多种不同的EPCD理念，探索造型美观、功能先进、风格独特、时尚实用的EPCD方法，集成各类EPCD模式，成为进一步评价、选择、生产与推广电子新产品的基础，也是界定EPCD合理性的出发点。而在GIS

平台上，研发EPCD模式的信息管理界面，对于最终进行电子产品典型设计，提升EPCD效率与拓展用户需求，满足市场多元化的发展趋势，具有重要的现实意义。

随着电子信息技术的发展，电子产品层出不穷。围绕EPCD的理念创新以及信息化管理的需求，研发针对EPCD的信息管理系统，对于科学管理EPCD过程及产品研发，具有必要性与迫切性。在众多的电子产品中，EEP更为大众所推崇。人们一般认为，EEP是利用电子和多媒体等技术手段，开展主动性学习的电子工具，或者讲，凡是与教育有关的电子产品都可以称为EEP。中国学龄人群巨大，EEP包含了录音机、复读机、电子辞典、便携式电脑（学习机）、学生平板电脑等一系列电子产品，它们代表了中国第1代至目前的第5代的EEP，特别是3D互动激励学习平台以及领先ipad的硬件设备，是目前EEP的主要特征。而U盘，移动硬盘、创意玩具、电子钟表、便携式热成像镜头、智能安全定位学生插卡手表、虚拟现实魔镜、音乐设备等，成为大众拥有的电子产品。在信息化管理背景下，吸收与借鉴相关电子产品概念设计的思路，构建以U盘为代表的EPCD模式，对于设计具有一定特色的电子产品，开展EPCD的科学评价及优化EP设计方案，促进低碳发展与绿色发展也具有重要的现实意义。

目前，三维GIS在管理领域发挥着重要作用（朱庆，2014），成为研发电子产品概念设计管理模式及其系统的重要技术支撑。在这种背景下，根据面向产品IDI认知过程模型及产品IDI设计过程，在Windows平台上，以Java＋Eclipse＋XML＋SQLServer2000＋ASP＋3DMax为技术支撑，建立计算机辅助创新设计原型系统（CACDS）。在PCD阶段为设计者提供有用的工具，发挥其产品创新设计、网络信息搜索、知识资源管理等功能。

电子产品类型多样，用途广泛，形态各异，需求无限。电子产品的概念设计具有广阔的空间，基于GIS强大的信息处理与管理功能，研发具有综合管理功能的EPCD管理系统，可为电子产品的外观设计提供重要的平台与技术支撑。

8.2 系统研发目标及原则

8.2.1 系统研发目标

EPCDMIS开发的总体目标：(1)开发基础的EPCD管理功能，数据库管理功能；(2)依据电子产品特征、AHP、评价评估方法，构建专业数据库并开

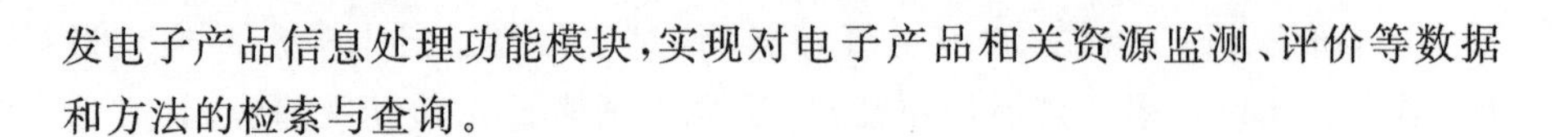

发电子产品信息处理功能模块,实现对电子产品相关资源监测、评价等数据和方法的检索与查询。

8.2.2 系统研发原则

EPCDMIS设计首先需要考虑的是系统应该遵循的建设原则,为实现系统的建设目标,在系统的建设过程中要始终以“先进、可靠、安全、稳定”为基本准则,从EPCD的内涵和用户需求出发,利用先进的GIS开发技术完成系统的研发。EPCDMIS建设过程中必须始终贯彻的相关原则,是最终实现电子产品科学设计、创新设计、绿色设计以及高效设计的重要基础。根据对用户需求进行深入分析后,将所涉及的产品性能以及设计理念及模式进行凝练与精简,集成在系统平台上,使系统的功能层次清晰、使用方便,满足设计者及用户的多种需求。同时,标准化与规范性也是EPCDMIS建设的重要基础,并体现在系统研发的全过程,是系统开放性和数据共享的重要基础。在EPCDMIS研发过程中还须遵循以下建设原则。

(1)先进性原则

EPCDMIS采用目前成熟的系统设计原理和GIS开发技术,使所研发的管理系统设计更为先进合理;同时,集成的EPCD方案以及相关模块,也应是在相关创新理念的指导下,具有前瞻性与新颖性。在EPCDMIS研发过程中,选用国际最新的硬件设施和软件平台,开发的系统对于EPCD既能体现现阶段的技术先进性,又能符合未来发展的方向;在软件开发理念方面,严格按照软件工程的标准流程和面向对象的工作原理进行设计、研发和管理。

(2)可靠性原则

EPCDMIS系统的可靠性意味着该系统在测试运行过程中规避可能发生故障的风险,如果系统出现故障,也具有发现和排除故障的能力。EPCDMIS充分考虑数据系统的冗余和容错,科学设计数据结构的合理性,确保系统有最佳的可靠性。因此,EPCDMIS采用基于面向对象技术的空间数据模型。

(3)安全性原则

EPCDMIS安全性是依据电子产品概念设计者及用户需求设定不同的分级权限,对关键业务采用数据加密等操作。此外,安全性还包括对系统数据的定期备份,以防数据丢失等功能。对不同的概念设计者及用户设定不同的权限,可以保证关键业务数据不被窥视与非法修改。系统设定指定等级的用户权限维护、查看和调用数据,确保了系统数据安全。

(4)稳定性原则

EPCDMIS稳定性原则包括系统的正确性、鲁棒性两个方面。系统在正式使用前应该反复地进行程序调试和性能测试,充分重视用户体验,避免各类偏差与不确定性因素对未来运行可能造成的影响。在EPCDGIS运行过程中,如果系统运行中出现故障,能够报告错误类型并指导设计者及用户正确处理错误,及时恢复系统数据。同时,系统人机界面友好,专业人员对系统的安装、使用、维护简单便捷。

8.3 EPCDMIS一般模式

基于信息管理系统设计理念,围绕科学化与便捷化提升EPCD的目的,遵循规范性、可靠性、安全性、前瞻性等原则,设计基于GIS平台的EPCDMIS。由于电子产品类型多样,本系统主要针对EEP的研发,提出可供借鉴的模式。

数据库功能的拓展,对于EPCDMIS总体功能的发挥具有关键作用。根据不同功能的EPCD特点,基于GIS信息管理的优势,集成多元数据,构建数据库并提供EP的创新性设计,为综合管理及评价EPCD的合理性、科学性提供重要技术支撑。随着网络化的发展,GIS的功能不断地得以拓展,与此同时,围绕EPCD的信息化、系统化、数字化管理问题,进一步研发具有创新价值的电子产品管理系统,是实现电子产品优化设计的重要环节。在ARCGIS Engine平台上,开发EPCDMIS,对于科学管理EP的规范化设计方案,提高EP的设计水平,满足多元化需求具有重要作用。互联网+背景下,未来EPCD将基于WEB GIS等平台,实现更加人性化的设计,满足不同人群的多种需求。

8.3.1 研发平台及方法

基于ARCGIS平台及其基本信息管理功能,结合EPCD的途径及方法,进行EPCDMIS的研发。

目前,EPCD模式多样化,EPCD信息处理便捷化,EPCD方案选优科学化,成为进行管理信息系统研发必须考虑的问题。拟研发的EPCDMIS,是基于ArcGIS Engine(简称AE)二次开发技术构建的管理信息系统,AE提供了诸多GIS接口,通过这些接口实现一般GIS功能和EP分析功能,同时,满足EPCD科学化及信息化管理的客观需求。研发的技术流程如图8-1所示。

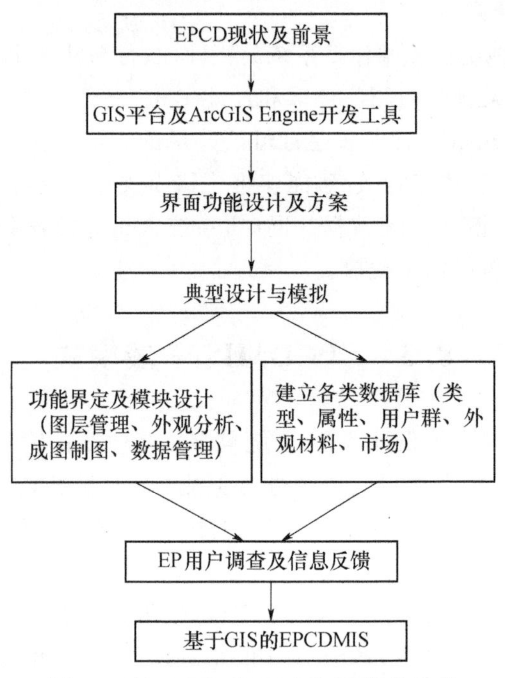

图 8-1　基于 GIS 的 EPCDMIS 研发流程

8.3.2　EPCDMIS 总体框架

基于 EPCD 的目标，EPCDMIS 框架主要包括功能模块及数据库模块，各自独立并共同实现 EPCDMIS 的总体功能。EPCDMIS 的主体功能模块及数据库模块分别如图 8-2 及图 8-3 所示。

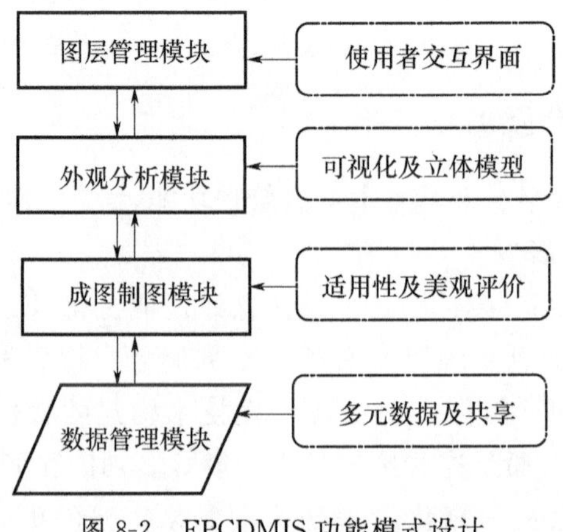

图 8-2　EPCDMIS 功能模式设计

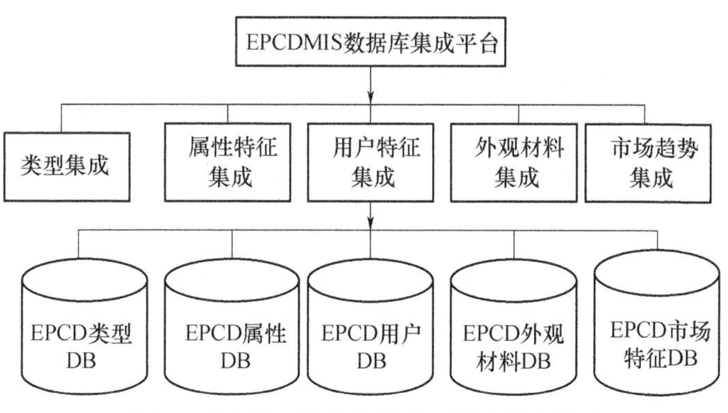

图 8-3　EPCDMIS 数据库集成平台模式设计

8.3.3　EPCDMIS 的登录界面设计

在 EPCDMIS 设计用户登录界面，保障合法用户安全便捷地进入系统主界面。按照系统开发的一般规范，在登录界面中设计用户名和密码两栏，用户名栏中默认为“EPCDMIS”，在密码栏中输入登录密码时将输入内容显示为“＊＊＊＊＊＊”以保护用户密码和维护系统安全。登录界面设计见图 8-4。

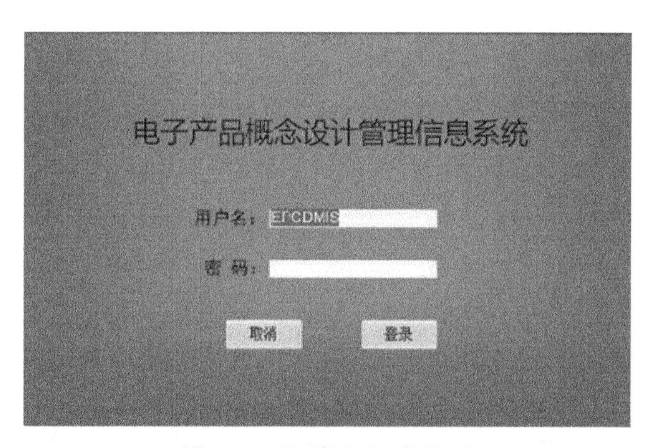

图 8-4　EPCDMIS 主界面

8.3.4　EPCDMIS 模块及主要特点

基于 EPCDMIS 总体构架及模式，为了实现其总体功能，研发了如下模块(刘运通等，2011)，各自发挥其功能。

8.3.4.1　图层管理模块

EPCDMIS 图层管理模块的操作对象为图层数据和图层属性。其基本功能是实现 EPCD 图层的开关、保存、缩放、漫游、刷新；EPCD 图层的树目

录，在树目录中新建图层、显示图层、移除图层；EPCD图层操作管理；EPCD图层属性查询。

8.3.4.2 外观分析模块

系统分析是ArcGIS软件的重要功能，EPCDMIS主要功能是描述和分析EPCD外观特征，细化外观结构，提取和处理电子产品外观信息数据，用作分析其属性定位，构建EPCD空间数据模型，最终为典型设计提供参考。

8.3.4.3 成图制图模块

EPCDMIS成图制图模块是将电子产品图层符号化显示并输出，即将布局好的图层按照不同的要求添加设计要素。其主要功能包括EPCD图层的打开、关闭、保存、缩放、漫游及刷新；EPCD各图层显示状态的打开和关闭及各图层的增删、移动；EPCD图层渲染，对不同制图要素进行分色标注，突出要素属性；EPCD输出图，将绘制好的电子产品设计图输出，可以设置输出设计图的版式和分辨率等。

8.3.4.4 数据管理模块

EPCDMIS的正常运行离不开数据支持，本系统主要容纳EPCD所涉及的类型、属性、用户以及材料及市场趋势等数据信息，数据管理的目的是充分挖掘数据的作用，为EPCD提供设计理念、动态模拟、产品制作以及分析评价等支撑。DEPMIS中不同类型和不同形式的数据，通过统一规范的组织，将数据集成化处理后按照不同的分类单元录入到数据库中。其基本功能如下：EPCD图层添加属性，添加属性字段及属性表等；EPCD图层删除属性，删除属性字段及属性表等；EPCD数据入库；EPCD数据编辑；EPCD元数据管理。

8.3.5 EPCDMIS与实现EPCD

基于ArcGIS Engine开发工具，遵循先进性、可靠性、安全性、稳定性开发原则，研发出图层管理模块、外观分析模块，成图制图模块以及数据管理模块，共同组成EPCDMIS的核心框架，实现EPCD过程的各类功能，同时，满足电子产品信息化与智能化管理的需要。

基于GIS平台，研发体现多功能的多模块管理信息系统，实现电子产品概念设计多元信息（文字语义、数字符号、图像图形、几何特征，以及理念模式、逻辑属性、功能特征等）获取、储存、处理、共享、建模、应用等多种功能，实现电子产品概念设计信息化管理，促进电子产品概念设计理念拓展与效应评价的不断深化。

参考文献

Kevin N Otto,Kristin L Wood,2011. 产品设计[M]. 齐春萍,宫晓东,张帆,等,译. 北京:电子工业出版社.

Otthein Herzog,Bernhard Mueller,Wu Zhiqiang,2016. 先进制造与可持续城市发展(英文)[J]. 南方建筑(5):23-35.

白雪,2015. UI设计在产品设计中的应用研究[J]. 设计(6):132-133.

包志炎,王学斌,计时鸣,等,2018. 面向定制产品进化设计的优势种群产生策略[J]. 农业机械学报,49(1):404-413.

薄华,马缚龙,焦李成,2004. 图像数据挖掘的模型和技术[J]. 西安邮电学院学报,9(3):81-85.

蔡志林,2011. 电子导游仪的交互式设计研究. 艺术与设计[J]. 理论(2):235-237.

陈晨,孙志学,张乐,2017. FAST法在家用智能固体有机废弃物处理机概念设计中的应用[J]. 机械设计(1):110-113.

陈航军,2007. 基于多色集合的冲压模产品结构设计的方法研究[D]. 广州:广东工业大学.

陈慧,丁昶,2011. 浅议格式塔心理学若干论点在室内设计中的应用[J]. 现代装饰(理论)(2):241-241.

陈守煜,1995. 模糊分析决策[J]. 华北水利水电学院学报,16(1):1-9.

陈曦,2005. 复杂产品虚拟样机技术及其应用研究[D]. 南京:南京理工大学.

陈曦,2015. 基于用户认知的工程机械产品视觉形象设计研究[D]. 济南:山东大学.

陈曦,王执铨,吴慧中,2006. 网格环境下复杂产品概念设计技术研究[J]. 计算机集成制造系统,12(2):198-203.

陈旭玲,2011. 机电产品技术演化与升级创新的概念设计研究[D]. 南京航空航天大学.

陈泳,2004. 基于仿生学的产品概念设计方法学探索[D]. 杭州:浙江大学.

陈泳,冯培恩,何斌,等,2002. 机械传动系统概念设计自动化的策略研究[J]. 自然科学进展,12(11):1227-1230.

成经平,2001. 机构智能概念设计知识库的构建研究[J]. 机械设计,18(5):34-35.

成经平,2003. 基于指标权衡分析的机械系统概念设计评价方法的研究[J]. 机械科学与技术,22(3):35-37.

程显峰,2015. 浅析装饰语言与字体设计的关联性研究[J]. 工业设计(6):113-115.

程云华,2005. 虚拟工业设计及其美学研究[D]. 济南:山东大学.

崔嘉,唐明晰,刘弘,2014. 形状动态表示在产品概念设计中的应用[J]. 计算机辅助设计与图形学学报,26(10):1879-1885.

戴莉,2017. 结构设计中的概念设计[J]. 建材发展导向,15(17):202-203.

戴敏,1999. 数字化时代的基石—DSP发展应用纵横谈[J]. 今日电子(7):15-17.

邓海静,2017. 基于专业设计公司设计程序和人机交互技术的智能穿戴设备设计[J]. 工业设计(8):81-85.

邓劲莲,李尚平,2003. 虚拟设计环境下小型甘蔗联合收获机的概念设计[J]. 机械设计,20(3):25-28.

邓军,余忠华,吴昭同,2009. 基于信息熵的概念设计的质量评价[J]. 浙江大学学报(工学版),43(8):1480-1484.

邓扬晨,刘晓欧,朱继宏,2004. 飞机加强框的一种结构拓扑优化设计方法[J]. 飞机设计(4):11-16.

刁培松,仪垂杰,邢建国,等,2003. 概念设计的动态规划评价模型[J]. 机械设计与研究(4):25-27.

丁翠,2017. 无线传感器网络智能信息处理研究[J]. 数字技术与应用(10):163-163.

丁小龙,2014. 产品语义学对产品外观设计的影响[J]. 信息系统工程(1):103.

董莹,2015. 方形元素推进电子产品优化创新的基本理念和方法[J]. 机械设计与研究,31(5):80-83.

段军,2000. 机车柴油机数字式电子调速系统智能 PID 控制理论和技术的研究[D]. 大连:大连理工大学.

方辉,谭建荣,殷国富,等,2009. 基于改进不确定语言多属性决策的设计方案评价[J]. 计算机集成制造系统,15(7):1257-1261.

方子帆,杨守期,曹钢,等,2016. 随动装置数字化设计关键技术及其应用研究[J]. 三峡大学学报:自然科学版,38(2):65-70.

冯冠华,李智刚,冯迎宾,等,2017. 多金属结核概念车浮游体的外形设计及阻力特性分析[J]. 海洋学研究,35(1):80-85.

冯培恩,陈泳,张帅,等,2002. 基于产品基因的概念设计[J]. 机械工程学报,38(10):1-6.

冯绍群,2008. 行为心理学[M]. 广州:广东旅游出版社.

冯毅,2009. 液压集成块人机结合智能虚拟设计方法与应用研究[D]. 大连:大连理工大学.

付高财,盛步云,余绅达,等,2016. 面向概念设计的三维模型多条件组合检索研究[J]. 机电工程,33(6):648-654.

高雷,张振明,田锡天,等,2008. 三维产品数据生命周期管理方法研究[J]. 现代制造工程(4):28-31.

高小杰,蒋雯,2017. 设计心理学在交互设计中的应用[J]. 工业设计(6):100-101.

古莹奎,杨振宇,2007. 概念设计方案评价的模糊多准则决策模型[J]. 计算机集成制造系统,13(8):1504-1510.

顾承扬,2011. 发动机类复杂曲面零件数字化设计关键技术研究[D]. 武汉:华中科技大学.

顾承扬,李文龙,熊有伦,2010. 曲线三坐标测量机的自适应测量方法及应用[J]. 装备制造技术(12):1-4.

管虹翔,2006. 基于相关 QFD 与 TRIZ 的概念设计方法研究与软件开发[D]. 成都:西南石油大学.

郭珂,伞冶,朱奕,2012. 现代模拟电路智能故障诊断方法研究与发展[J]. 电子设计工程,20(2):177-180.

郭淼,2016. 产品创新导向设计研究与应用[D]. 沈阳:沈阳工业大学.

郭伟祥,2005. 绿色产品概念设计过程与方法研究[D]. 合肥:合肥工业大学.

郭小朋,2010. 基于 QFD 和 TRIZ 的石油钻机顶部驱动概念优化设计[D]. 西安:西安石油大学.

郭亚琴,王正群,秦燕,2013. Proteus 软件在电子产品设计与制作中的应用[J]. 实验室研究与探索(12):101-104.

韩轲,2012. 基于符号学的 3C 产品形态语意传达模型的构建方法研究[D]. 天津:天津大学.

韩晓建,邓家禔,2000. 产品概念设计方案的评价方法[J]. 北京航空航天大学学报,26(2):210-212.

郝晶,孙亚云,2015. 面向学龄前儿童的 App 界面视觉设计原则[J]. 设计(3):120-121.

何泰,许开强,2017. 交互设计中的产品情感化研究[J]. 工业设计(12):63-64.

候磊,2011. 基于 AD 和 TRIZ 的自行车概念创新设计方法研究[D]. 苏州:苏州大学.

胡翩,2014. 概念设计阶段的多目标优化与决策[J]. 计算机与数字工程,42(3):390-394.

胡伟,2012. 面向 MEMS 产品概念设计的多模式实例检索与评价方法研究[D]. 华南理工大学.

胡莹莹,2014. 文字形态与图符信息在网络媒体界面设计的融合应用[J]. 艺术与设计(理论),2(09):45-47.

胡雨霞,石海林,2016. 色彩构成和视觉心理在工业设计中的运用[J]. 设计(9):128-129.

华丹阳,刘晓平,唐益明,2016. FFM 功能求解及在传感器控制系统中的应用[J]. 电子测量与仪器学报,30(6):975-981.

黄华,2009. 便携式消费电子产品需求特征分析[D]. 上海:东华大学.

黄旗明,潘云鹤,2000. 产品设计中技术创新的思维过程模型研究[J]. 工程设计(2):1-4.

黄穗,2017. 电子产品设计中人机交互的应用解析[J]. 建材与装饰(4):177-178.

黄振林,刘俊杰,贾维科,等,2017. 基于可编程控制器的智能制造数字化车间的研究与实现. 自动化博览(8):46-51.

贾今钊,2015. 概念设计在建筑结构设计中的应用研究[J]. 工程建设与设计(1):18-19.

姜莉莉,李彦,李文强,等,2014. 基于多视角的产品概念设计表达模型[J]. 计算机集成制造系统,20(5):899-993.

姜娉娉,2005. 基于知识的机械产品快速创新设计研究[D]. 济南:山东大学.

姜强,赵蔚,李松,等,2016. 个性化自适应学习研究——大数据时代数字化学习的新常态[J]. 中国电化教育(2):24-32.

金斌,2005. FBS-CBR 虚拟样机概念设计支持工具研究与开发[D]. 武汉:华中科技大学.

靳宇,2012. 机械装配结构组织性研究及其在概念设计中的应用[D]. 北京:北京邮电大学.

卡扎罗托. 设计的方法[M]. 张霄军,褚天霞译. 北京:人民邮电出版社,2014.

兰娟,2004. 消费电子产品的情趣化设计研究[D]. 无锡:江南大学.

雷宁宁,雷媛媛,2014. 试论 Proteus 软件的特点及应用[J]. 数字技术与应用(7):202.

李彬彬,2013. 设计心理学[M]. 北京:中国轻工业出版社.
李敬花,茆学掌,张涛,2017. 基于人工神经网络的复杂海工装备项目工作结构分解[J]. 计算机集成制造系统,23(7):1511-1519.
李久宏,2001. 基于知识的机构概念设计系统研究[D]. 西安:西安电子科技大学.
李乐山,2004. 解决用户认知的人机界面设计[J]. 设计(7):68-75.
李敏,曹军,2016. 超有用超有趣的色彩心理学大全[M]. 北京:中国华侨出版社.
李树尘,2000. 材料工艺学[M]. 北京:化学工业出版社.
李喜桥,2009. 加工工艺学:第2版[M]. 北京:北京航空航天大学出版社.
李霞,石明安,李随成,2007. 多目标模糊决策理论应用于失效模式与效应分析的研究[J]. 西安理工大学学报,23(3):331-333.
李雪莲,2014. 老年智能轮椅设计研究[J]. 机械设计,31(4):100-105.
李亚涛,2004. 基于机械机构设计领域的概念内涵语义分析[D]. 西安:西安电子科技大学.
李阳,2016. 基于在线数据分析的产品创新策略计算实验研究——以电子产品为例[D]. 南京:南京大学.
李屹,2016. 产品体验UE与创新性问题解决方法在产品设计中的应用[J]. 设计(19):42-43.
李玉河,2016. 从Bauma 2016看工程机械控制技术发展现状[J]. 工程机械文摘(3):49-51.
李芸,张明顺,2016. 基于LCA的电器电子产品生态设计策略研究[J]. 环境与可持续发展(1):90-94.
梁建全,2009. 单机架可逆冷带轧机轧制规程人工智能优化及工程实践[D]. 秦皇岛:燕山大学.
廖宏勇,万思琪,2014. 二维·多维——论空间导向设计的"方位映射"[J]. 华中师范大学学报:人文社会科学版(2):193-197.
林淑彦,2008. 基于生物流的机电产品概念设计自动化[D]. 济南:山东大学.
刘传来,2012. 形态语义学在老年电子产品界面中的应用[D]. 齐齐哈尔:齐齐哈尔大学.
刘锋国,2007. 基于不确定推理的继电器产品选型设计[D]. 天津:河北工业大学.
刘青,2007. 产品图案设计方法与程序研究[D]. 南京:南京航空航天大学.
刘全良,顾沈明,2003. 产品概念设计网络评价系统的设计与研究[J]. 机械科学与技术,22(10):141-145.
刘苏州,2013. 基于中国元素的家电产品情感化设计与研究[D]. 西安:西安工程大学.
刘曦泽,祁国宁,傅建中,等,2012. 集成形态学矩阵与冲突解决原理的设计过程模型[J]. 浙江大学学报(工学版)(12):2243-2251.
刘小莹,李彦,麻广林,等,2009. 面向产品创新的概念设计认知过程及支持系统[J]. 四川大学学报(工程科学版),41(1):190-196.
刘笑书,萨初荣贵,2017. 基于物联网的智能楼宇监控系统设计[J]. 电脑迷(2):114-115.
刘心,2015. 浅析视觉传达设计与品牌形象的有效整合[J]. 设计(9):82-83.

刘昕,王晓,张卫山,等,2017.平行数据:从大数据到数据智能[J].模式识别与人工智能,30(8):673-681.

刘艳,郑向阳,2016.工业4.0对我国产业升级的作用分析[J].决策与信息旬刊(4):1-2.

刘英平,高新陵,沈祖诒,2007.基于模糊数据包络分析的产品设计方案评价研究[J].计算机集成制造系统(11):2009-2104.

刘迎蒸,2004.电脑游戏造型对产品形态的影响及应用研究[D].长沙:湖南大学.

刘永翔,2009.产品设计[M].北京:机械工业出版社.

刘勇,张亮,2017.发展智能制造,促进兵器装备集团制造业转型升级—兵器装备集团智能制造技术与高端装备产业发展思考[J].兵工自动化,36(1):1-6.

刘瑗,2003.产品语意的生成要素、方法及认知研究[D].武汉:武汉理工大学.

刘运通,唐任仲,郑军,2011.基于模块化方法的产品设计知识组织模型[J].浙江大学学报(工学版),45(11):1900-1907.

刘政伟,2008.飞行器概念设计阶段计算模型的自动化求解顺序规划[D].南京:南京航空航天大学.

陆波,2016.基于面向智能制造的航空发动机协同设计与制造研究[J].电子技术与软件工程(23):174-174.

陆建华,2010.产品设计过程中的评价体系研究[D].上海:上海交通大学.

陆亮,孙守迁,黄琦,等,2003.面向产品创新的计算机辅助概念设计系统的研究[J].计算机集成制造系统,9(s1):43-47.

路永华,2016.可远程控制的智能电子锁的设计与实现[J].陇东学院学报,27(1):24-27.

罗春美,2007.绿色设计在产品设计中的研究与应用[D].昆明:昆明理工大学.

罗仕鉴,朱上上,孙守迁,等,2004.基于集成化知识的产品概念设计技术研究[J].计算机辅助设计与图形学学报,16(3):261-266.

马超民,2007.产品设计评价方法研究[D].长沙:湖南大学.

马雅丽,王德伦,邹慧君,2003.机电产品数字化设计系统构建研究[J].数字制造科学(1):1-4.

马英才,2017.互联网+汽车,工业创新新领域[J].互联网经济(Z2):34-39.

孟繁卿,蔡金燕,孟亚峰,等,2017.电子设计自动化技术发展研究[J].飞航导弹(8):38-42.

孟祥斌,孙苏榕,2017.融合语义学的产品概念设计过程模型研究[J].机械设计,(2):110-114.

莫建强,2011.高速数字电路中的信号完整性分析[J].电子测试(9):5-9.

牛占文,徐燕申,林岳,等,2000.实现产品创新的关键技术——计算机辅助创新技术[J].机械工程学报,36(1):11-14.

欧阳丹彤,张瑜,叶育鑫,2017.本体推理机求解Mups的性能评测研究[J].计算机学报(6):1422-1439.

潘大生,2017.住宅智能化系统与设计[J].智能城市(8):85.

潘杰义,刘西林,2004. 科研项目评价指标体系及模糊优选决策模型研究[J]. 科学学与科学技术管理(1):9-11.

潘玉艳,卢顺心,2017. 基于绿色设计理念的室内设计研究[J]. 设计(21):138-139.

庞勇,孙鲁涌,2002. 产品三维模型库速览与映射调用的方法及开发[J]. 杭州电子科技大学学报(自然科学版),23(4):72-76.

裴学胜,程超然,2014. 个人卫生护理机器人的人机工程设计研究[J]. 机械科学与技术(2):107-110.

彭心勤,2012."格式塔"对标志设计创新的影响[J]. 湖北经济学院学报:人文社会科学版,9(9):33-35.

齐涛,2017. 机电控制系统自动控制技术与一体化设计[J]. 科技经济导刊(21):172-173.

祁嘉华,2009. 设计美学[M]. 武汉:华中科技大学出版社.

秦爱梅,丁雨,2017. 基于人工智能视觉的特定场景识别系统设计[J]. 现代电子技术,40(10):28-30.

秦自凯,2004. 机电产品概念设计方法及其应用的研究[D]. 华中科技大学.

邱莉榕,刘弘,2003. 支持创新概念设计的多 Agent 系统[J]. 计算机集成制造系统,9(s1):38-42.

邱炻,2009. 基于普适计算理论下的信息产品概念设计研究[D]. 上海:上海交通大学.

裘玥,2016. 智能可穿戴设备信息安全分析[J]. 信息网络安全(9):79-83.

屈庆星,2014. 考虑多维设计特征的产品外观情感意象与设计要素提取方法研究[D]. 沈阳:东北大学.

任葛荣,2011. 可编程智能电子锁控制器的设计与实现[D]. 广州:华南理工大学.

萨日娜,张树有,2013. 复杂产品设计方案联合变权群决策方法[J]. 浙江大学学报(工学版),47(4):711-719.

单鸿波,葛滨,于海燕,等,2012. 面向概念设计的用户需求获取体系及过程机制[J]. 东华大学学报(自然科学版),35(5):632-635.

邵虞,1999. 发展新家电走向网络化[J]. 电子产品世界(12):14.

施方林,李宏伟,朱燕,等,2017. 人工蜂群算法的改进及在空间数据聚类中的应用[J]. 测绘与空间地理信息,40(10):35-39.

施巍松,孙辉,曹杰,等,2017. 边缘计算:万物互联时代新型计算模型[J]. 计算机研究与发展(5):907-924.

宋长明,2017. 陶瓷 3D 打印技术在现代陶瓷制作中的应用[J]. 数码设计(6):192-193.

宋慧军,林志航,2002. 公理化设计支持的概念设计产品模型[J]. 计算机辅助设计与图形学学报,14(7):632-636.

宋慧军,林志航,2003. 产品概念设计中方案实例的表达与方案生成[J]. 机械设计,20(4):9-11.

宋慧军,林志航,罗时飞,2003. 机械产品概念设计中的知识表示[J]. 计算机辅助设计与图形学学报,15(4):438-443.

苏慧玲,王忠东,蔡奇新,2017. 智能电能表离散型自动化检定的协同应用[J]. 自动化仪表,38(7):98-102.

苏建宁,江平宇,朱斌,等,2004. 感性工学及其在产品设计中的应用研究[J]. 西安交通大学学报,38(1):60-63.

苏建宁,赵慧娟,王瑞红,等,2015. 基于支持向量机和粒子群算法的产品意象造型优化设计[J]. 机械设计,32(1):105-109.

苏甜,2015. O2O模式下商业空间体验设计研究[D]. 成都:西南交通大学.

苏晓梅,2008."薄的艺术"移动型数码产品造型设计研究[D]. 昆明:昆明理工大学.

苏玉萍,2016. Proteus 仿真软件在电子设计实验中的应用[J]. 电子技术与软件工程(17):79.

孙聪,2014. 从设计"多元化"到通用设计[J]. 创意与设计(2):30-33.

孙静,张帆,王国庆,等,2017. 物联网时代人工智能机器人的发展趋势探讨[J]. 科技经济导刊(31):6-7.

孙科炎,李婧,2012. 行为心理学[M]. 北京:中国电力出版社.

孙克正,匡伟伟,许靖,等,2017. 云控物联网漏电检测电子门禁系统[J]. 军民两用技术与产品(6):116,218.

孙荣创,2017. 机电控制系统自动控制技术与一体化设计[J]科技经济导报,(21):90.

孙守迁,黄琦,潘云鹤,2003. 计算机辅助概念设计研究进展[J]. 计算机辅助设计与图形学学报,15(6):643-650.

孙忠飞,2012. 面向多域复杂机电产品系统设计的功能表示与功能分解方法[D]. 杭州:浙江大学.

台立钢,2008. 基于产品实例种群的演化创新设计研究[D]. 上海:上海交通大学.

覃京燕,2017. 人工智能对交互设计的影响研究[J]. 包装工程,38(20):27-31.

檀润华,马建红,张换高,等,2002. 基于 QFD 及 TRIZ 的概念设计过程研究[J]. 机械科学与技术,19(9):1-4.

唐爱平,曹卉,2015. 基于 Contourlet 域分块压缩感知的图像融合[J]. 电信科学,31(12):76-82.

唐凤鸣,李宗斌,2003. 基于多色集合理论的机械产品概念设计方法研究[J]. 计算机辅助设计与图形学学报(2):150-155.

唐林,童昕,2000. 自动化概念设计中机构功能的识别[J]. 机械设计,17(12):39-42.

唐纳德·A·诺曼,2005. 情感化设计[M]. 付秋芳,程进三,译. 北京:电子工业出版社.

唐纳德·A·诺曼,2012. 设计心理学:情感设计[M]. 梅琼,译. 北京:中信出版社.

陶俐言,王志峰,聂清,等,2014. 面向数字化工厂的车间布局与生产线仿真研究[J]. 杭州电子科技大学学报(6):1-7.

童可,2014. 互联网产品设计境界[J]. 设计(6):187-188.

万业军,李伟兵,2015. 基于人工智能的无人机航路设计的浅用[J]. 舰船电子工程(2):66-69.

王飞跃,张俊,2017. 智联网:概念、问题和平台[J]. 自动化学报,43(12):2061-2070.

王凤英,2004. 基于实例推理的产品概念设计系统[D]. 武汉:武汉科技大学.

王广鹏,2004. 基于可拓知识集成的方案设计研究与实现[D]. 杭州:浙江工业大学.

王国强,常绿,赵凯军,2006. 现代设计技术[M]. 北京:化学工业出版社.

王海强,2007. 电子产品逆向物流系统协调机制研究[D]. 武汉:武汉理工大学.

王海强,2008. 基于 CSCM 成熟度模型的建筑供应链运作绩效评价[D]. 哈尔滨:哈尔滨工业大学.

王皓,2017. 人工智能时代已经到来[J]. 计算机与网络(8):16.

王家民,房金谱,赵欣,2014. 产品包装设计视觉语言的易识别性[J]. 包装学报,6(1):62-65.

王军,2009. 基于功能的机电产品概念设计方法研究与应用[D]. 武汉:武汉理工大学.

王昆,2012. 浅谈设计心理学在现代设计中的应用与发展[J]. 企业文化(下旬刊)(8):202-203.

王龙,2016. 人机工程学·产品设计[M]. 长沙:湖南大学出版社.

王敏,2013. 产品造型设计的"ATE"三维评价研究[D]. 武汉:武汉理工大学.

王缮,2017. 人工智能时代已经到来[J]. 计算机与网络,43(8):16-16.

王文军,2014. 基于设计结构矩阵的 MEP 管线综合设计的应用研究[D]. 上海:同济大学.

王文渊,2007. 基于 LCA 的产品概念设计关键技术研究[D]. 济南:山东大学.

王筱雪,肖韶荣,2015. 电子产品外观设计的美学特征及一般模式[J]. 科学中国人(10):148-149.

王筱雪,姚春,2015. 3D 打印技术在电子信息领域的应用[J]. 信息系统工程(5):93-96.

王翼飞,2011. 电子产品可持续设计理念及材料应用研究—以手机为例[D]. 广州:广东工业大学.

王元卓,靳小龙,程学旗,2013. 网络大数据:现状与展望[J]. 计算机学报,36(6):1125-1138.

魏成柱,李英辉,王健,等,2017. 新型高速无人艇船型和水动力特性研究[J]. 中国造船(3):102-113.

温思玮,2007. 基于情绪词汇的产品外观研究[D]. 北京:清华大学.

吴方茹,2012. 通讯电子产品可持续性评价研究[D]. 武汉:武汉理工大学.

吴晓莉,2006. 基于心理学的用户中心设计研究[D]. 西安:陕西科技大学.

向前,2018. 人工智能味觉系统的解析[J]. 中国战略新兴产业(20):44-45.

肖前国,余嘉元,2017. 论"大数据"、"云计算"时代背景下的心理学研究变革[J]. 广西师范大学学报(哲学社会科学版),53(1):88-94.

肖韶荣,胡姮,冒晓莉,2008. 光电图像处理技术在光纤不圆度测量实验中的应用[J]. 电气电子教学学报,30(3):49-50.

肖韶荣,张周财,黄新,2013. 基于数据融合的多通道光纤位移传感器[J]. 光学精密工程,21(11):2764-2770.

谢嘉,王世明,曹守启,等,2018. 基于 Arduino 的智能家居系统设计与实现[J]. 电子设计工程,26(2):88-93.

谢清,2008. 定制产品功能—结构映射原理、方法及关键技术研究[D]. 杭州:浙江大学.

辛兰兰,2012. 基于绿色特征的机电产品方案设计绿色设计模型研究[D]. 济南:山东大学.

邢庆华,2011. 设计美学[M]. 南京:东南大学出版社.

熊文静,2010. 自然语言理解中动词隐含句的处理研究及其在智能仪器设计领域的应用[D]. 西安:西安电子科技大学.

熊湘晖,2005. 产品造型设计的外观质量美学评价理论及研究[D]. 昆明:昆明理工大学.

徐海晶,2007. 基于基因分层表达遗传算法的多目标概念设计[D]. 成都:西南交通大学.

徐恒醇,2016. 设计美学概论[M]. 北京:北京大学出版社.

徐建成,刘娟,2010. 基于模糊综合决策的产品概念设计评价模型及其应用[J]. 湖北师范学院学报(自然科学版),30(1):25-28.

徐乐,秦菊英,2015."无意识设计"在产品设计中的运用研究—以健康牙杯设计为案例[J]. 设计(4):99-100.

徐献军,2012. 具身人工智能与现象学[J]. 自然辩证法通讯(6):45-49.

许凤慧,肖韶荣,2010. 基于数字电位器的多通道程控高压调节系统设计[J]. 南京信息工程大学学报(自然科学版),2(5):414-419.

薛立华,黄洪钟,张旭,等,2005. 概念设计方案评价和决策线性物理规划模型研究[J]. 大连理工大学学报,45(4):562-565.

晏强,李彦,赵武,等,2003. 基于设计过程的数据模型研究[J]. 计算机集成制造系统,9(12):1057-1061.

燕航程,吴琼,2016. 设计符号学指导的产品设计[J]. 工业设计(9):101-103.

杨静,2017. 基于 AHP-TRIZ 的产品概念创新设计方法研究[J]. 机械设计与制造工程,46(7):97-101.

杨柳静,傅军,芮平亮,2016. 综合电子信息系统体系结构集成方法[J]. 指挥信息系统与技术,7(2):1-5.

杨强,2000. 基于虚拟原型的产品建模与特征生成方法研究[D]. 长沙:国际科技大学.

杨涛,杨育,张雪峰,等,2015. 基于客户聚类分析的产品概念设计方案评价决策方法[J]. 计算机集成制造系统,21(7):1669-1678.

杨先艺,张弘韬,2012. 知识经济时代设计创意的属性与价值研究[J]. 创意与设计(5):40-43.

杨晓龙,2007. 自然语言理解中副词分析及其在产品设计中的应用[D]. 西安:西安电子科技大学.

杨艳华,朱祖平,姚立纲,2010. 机械产品概念设计推理技术研究综述[J]. 现代制造工程(2):4-8.

杨祎雪,2012. 基于体验设计的儿童电子产品设计研究——以儿童电子书包设计为例[D]. 西安:陕西科技大学.

叶志刚,邹慧君,胡松,等,2003. 基于语义网络的方案设计过程表达与推理[J]. 上海交通大学学报,37(5):663-667.

于立华,张宏宇,2017. 未来5G网络切片技术关键问题分析[J]. 中国新通信(19):85.

于万波,2014. 截面的几何形状决定三维函数的混沌特性[J]. 物理学报,63(12):22-30.

余华,岳秋琴,2001. 电子设计自动化技术的发展及在现代数字电子系统设计中的应用[J]. 现代电子技术(5):23-26.

余雄庆,欧阳星,王宇,等,2014. 用适应性理念指导短程客机概念设计[J]. 南京航空航天大学学报,46(3):349-354.

袁烽,胡雨辰,2017. 人机协作与智能建造探索[J]. 建筑学报(5):24-29.

约翰·华生,2016. 行为心理学[M]. 刘霞,译. 北京:现代出版社.

月球,肖子玉,杨小乐,2017. 未来5G网络切片技术关键问题分析[J]. 电信工程技术与标准化,(5):45-50.

云铁舟,2015. 面向用户意象的产品形态要素分析及优势设计方法研究[D]. 哈尔滨:哈尔滨工业大学.

曾艳丽,2004. 产品外形个性化定制概念设计模型[D]. 西安:西安电子科技大学.

张旦,施浒立,2002. 镜面装拆机器人的现代概念设计[J]. 杭州电子科技大学学报,23(4):67-71.

张国全,张卫国,钟毅芳,2005. 机械产品概念设计过程模型的形式化表达[J]. 计算机辅助设计与图形学学报,17(2):327-333.

张家访,2012. 注射液杂质智能灯检机关键模块设计及仿真[J]. 机械设计与制造(5):24-26.

张建,2006. 面向产品设计的汉语自然语言复合句语义理解[D]. 西安:西安电子科技大学.

张建明,魏小鹏,张德珍,2003. 产品概念设计的研究现状及其发展方向[J]. 计算机集成制造系统,9(8):613-620.

张杰,2008. 基于系统论的产品创新设计理论与方法研究[D]. 成都:西南交通大学.

张静,陈敏娇,2015. 盲童的触觉感知玩具设计[J]. 包装与设计(5):100-101.

张俐,2010. 面向概念设计方案选择的协同决策方法研究[D]. 武汉:华中科技大学.

张明和,2008. 无线智能电子卡系统的研究[D]. 湘潭:湘潭大学.

张明和,易灵芝,王根平,2009. 一种RFID电子卡稳定性设计及实现[J]. 计算机测量与控制(1):160-163.

张沛,李义,2014. 情感化设计在软件界面设计中的应用[J]. 电子技术与软件工程(24):70-70.

张强军,2008. 大规模定制下汽车电子产品快速设计系统的研究与开发[D]. 哈尔滨:哈尔滨理工大学.

张婷,2007. 情趣化在产品设计领域中的应用研究[D]. 无锡:江南大学.

张宪荣,2004. 设计符号学[M]. 北京:化学工业出版社.

张宪荣,2011. 工业设计辞典[M]. 北京:化学工业出版社.

张营,鲁守银,李建祥,等,2017. 基于模糊认知图的变电站巡检机器人的行为规划研究[J]. 黑龙江大学自然科学学报(3):345-351.

章伟华,2010. 基于需求建模的产品配置实施关键技术及其在电梯产品中的应用研究[D]. 杭州:浙江大学.

章翔,毛星刚,章薇,2016. 大数据时代的精准医学[J]. 中华神经外科疾病研究杂志,15(2):97-100.

赵宏,黄洪钟,李永华,等,2005. 概念设计产品的模糊可靠性预测及方案评价[J]. 机械科学与技术(8):981-984.

赵欢欢,2014. 电子工程设计的 EDA 技术研究分析[J]. 电子技术与软件工程(3):140.

赵礼彬,2007. 基于产品设计领域的自然语言理解的语用研究和实现[D]. 西安:西安电子科技大学.

赵文辉,2002. 电子产品并行设计方法及虚拟原型仿真环境研究[D]. 长沙:国防科学技术大学.

赵燕伟,2005. 智能化概念设计的可拓方法研究[D]. 上海:上海大学.

郑海航,2015. 电子产品结构设计应考虑的影响因素[J]. 装备制造技术(11):258-259.

郑建启,2006. 设计方法学[M]. 北京:清华大学出版社.

郑建启,刘杰成,2007. 设计材料工艺学[M]. 北京:高等教育出版社.

郑太雄,何玉林,2002. 分布式虚拟设计环境中多用户协同设计研究[J]. 机械与电子(4):49-51.

中国电子元件行业协会,2007. 电工电子产品环境试验国家标准汇编:第四版[S]. 北京:中国标准出版社.

钟义信,2013. 信息转换原理:信息、知识、智能的一体化理论[J]. 科学通报,58(14):1300-1306.

钟义信,2017. 人工智能:概念·方法·机遇[J]. 科学通报,62(22):2473-2479.

周春来,2006. 控制电器智能设计方法研究[D]. 天津:河北工业大学.

周春来,李志刚,孟跃进,等,2007. 决策规则获取算法及规则表示[J]. 计算机工程与应用,(4):102-105.

周鼎,2009. 产品识别设计规律的分析研究及其在海信平板电视设计中的应用[D]. 济南:山东大学.

周峰,邵枝华,陈渌萍,2017. 智能制造系统安全风险分析[J]. 电子科学技术,4(2):45-51.

周恒,2010. 多功能电子产品的功能存在感研究及设计策略[D]. 上海:上海交通大学.

周凯波,黄进,2003. 基于模糊数的 FAHP 评价复杂产品概念设计方案[J]. 武汉理工大学学报,25(3):79-82.

周丽蓉,李方义,李剑峰,等,2016. 基于设计特征的机械产品制造能耗关联建模[J]. 计算机集成制造系统,22(4):1037-1045.

周小勇,2006. 基于 Petri 网的机电产品概念设计模型研究[D]. 西安:西安电子科技大学.

朱庆,2014. 三维GIS及其在智慧城市中的应用[J]. 地球信息科学学报,16(2):151-157.

朱赛春,陈效华,刘华仁,等,2017. 智能网联汽车多源信息集成平台技术研究[J]. 汽车工程学报,7(6):450-455.

朱新华,郭小华,邓涵,等,2017. 基于抽象概念的知网词语相似度计算[J]. 计算机工程与设计,38(3):664-670.

祝莹,2005. 产品形态设计与用户心理研究[D]. 合肥:合肥工业大学.

祝育,2006. 高纯内部热耦合空气分离塔的概念设计、动态特性分析及控制研究[D]. 杭州:浙江大学.

宗威,钟厦,耿彩芳,2011. 设计心理学在产品设计中的研究[J]. 现代装饰(理论)(9):49-49.

邹慧君,张青,2005. 计算机辅助机械产品概念设计中几个关键问题[J]. 上海交通大学学报,39(7):1145-1149.

邹慧君,张青,郭为忠,2004. 广义概念设计的普遍性、内涵及理论基础的探索[J]. 机械设计与研究(3):10-14.

Abo-Sinna M A,Amer A H,2005. Extensions of TOPSIS for multi-objective large-scale nonlinear programming problems[J]. Applied Mathematics and Computation,162(1):243-256.

Benjamin K Sovacool,2017. Experts,theories,and electric mobility transitions:Toward an integrated conceptual framework for the adoption of electric vehicles[J]. Energy Research and Social Science,27:78-95.

Charlie Ranscombe,Ben Hicks,Glen Mullineux,et al,2011. Visually decomposing vehicle images:Exploring the influence of different aesthetic features on consumer perception of brand[J]. Design Studies,33(4):319-341.

Dawid Jacobus Dippenaar,Kristiaan Schreve,2013. 3D printed tooling for vacuum-assisted resin transfer moulding[J]. The International Journal of Advanced Manufacturing Technology,64(5):755-767.

Diyar Akay,Osman Kulak,Brian Henson,2010. Conceptual design evaluation using interval type-2 fuzzy information axiom[J]. Computers in Industry,62(2):138-146.

Gandomi A,Haider M,2015. Beyond the hype:Big data concepts,methods,and analytics[J]. International Journal of Information Management,35(2):137-144.

Geng Xiuli,Chu Xuening,Zhang Zaifang,2010. A new integrated design concept evaluation approach based on vague sets[J]. Expert Systems With Applications,37(9):6629-6638.

Heiner Evanschitzky, Martin Eisend, Roger J Calantone, et al, 2012. Success factors of product innovation:an updated meta-analysis[J]. Journal of Product Innovation Management,29(S):21-37.

Henry Segerman,2012. 3D printing for mathematical visualisation[J]. The Mathematical Intelligencer,34(4):56-62.

Kusiak A,Szczerbicki E,1992. A formal approach to specifications in conceptual design [J]. Journal of Mechanical Design,114(4):659-666.

Li Jing,Sheng Zhaohan,Liu Huimin,2010. Multi-agent simulation for the dominant players' behavior in supply chains[J]. Simulation Modelling Practice and Theory,18(6):850-859.

Liu S F,Jay P McCormack,Jonathan Cagan,et al,2003. Speaking the Buick language:capturing,understanding,and exploring brand identity with shape grammars[J]. Design Studies,25(1):1-29.

Liu S F,Lee M H,2014. Research on prospective innovation design of smart electric vehicle[J]. Journal of Mechanical Engineering Research & Developments,37(1):22-29.

Lou X Y,2015. A Research of electromechanical products Green Design based on voice of customer[J]. Applied Mechanics and Materials,722:423-425.

Michelle Bobbitt L,Pratibha A Dabholkar,2001. Integrating attitudinal theories to understand and predict use of technology-based self-service:The internet as an illustration[J]. International Journal of Service Industry Management,12(5):423-450.

Robert Bogue,2013. 3D printing:the dawn of a new era in manufacturing[J]. Assembly Automation(33):307-311.

Rosemary R Seva,Martin G Helander,2008. The influence of cellular phone attributes on users' affective experiences:A cultural comparison[J]. International Journal of Industrial Ergonomics,39(2):341-346.

Roy U,Pramanik N,Sudarsan R,et al,2001. Function-to-form mapping:Model,representation and application in design synthesis[J]. Computer-Aided Design,33(10):699-719.

RuthMugge,Jan P L Schoormans,2012. Newer is better! The influence of a novel appearance on the perceived performance quality of products[J]. Journal of Engineering Design,23(6):1-16.

Sandra M Forsythe, Bo Shi, 2002. Consumer patronage and risk perceptions in Internet shopping[J]. Journal of Business Research,56(11):867-875.

Song Wenyan, Ming Xinguo, Xu Zhitao, 2013. Integrating Kano model and grey-Markov chain to predict customer requirement states[J]. Journal of Engineering Manufacture, 227(8):1232-1244.

Stefan Brackea,Shuho Yamadab,Yuki Kinoshitac,et al,2017. Decision making within the conceptual design phase of eco-friendly products [J]. Procedia Manufacturing, 8: 463-470.

Taeko Aoe,2007. Eco-efficiency and ecodesign in electrical and electronic products[J]. Journal of Cleaner Production,15(15):1406-1414.

Thompson S H Teo,Yon Ding Yeong,2003. Assessing the consumer decision process in the digital marketplace[J]. Omega,31(5):349-363.

Wang Jingen, Liu Hepu, 1996. Application of fuzzy AHP based on entropy weight to radar information quality evaluating system[J]. Systems Engineering and Electronics, 16(6): 1-13.

William E Baker, James M Sinkula, 2007. Does market orientation facilitate balanced innovation programs? An organizational learning perspective[J]. Journal of Product Innovation Management, 24(4): 316-334.

Yang Junshun, Li Lu, 2005. Construction of PAP appraisal system in product design[J]. Packaging Engineering, 26(6): 169-170.

附录:主要术语中英文对照表

英文名称	英文缩写	中文名称	英文名称	英文缩写	中文名称
American Society for Testing Materials	ASTM	美国材料与试验协会	Green Design Ideas	GDI	绿色设计理念
Analytic Hierarchy Process	AHP	层次分析法	Geographical Information System	GIS	地理信息系统
Area of Interests	AOI	用户兴趣区域	Human Computer Interaction	HCI	人机交互(作用,技术)
Artificial Intelligence	AI	人工智能	Innovation Design Ideas	IDI	创新设计理念
Artificial Nervous Network	ANN	人工神经网络	Intelligent Transportation System	ITS	智能交通
Big Data	BD	大数据	Internet+		互联网+
Computer-aided Conceptual Design	CACD	计算机辅助概念设计	Internet of Things	IOT	物联网技术
Conceptual Design Scheme	CDS	概念设计方案	Machine Learning	ML	机器学习
Computer-Aided Design	CAD	计算机辅助设计	Management Information System on Electronic Product Conceptual Design	EPCDMIS	电子产品概念设计管理信息系统
Conceptual Design	CD	概念设计	Principal Component Analysis	PCA	主成分分析法
Computer-Aided Manufacturing	CAM	计算机辅助制造	Product Semantics	PS	产品语义学
Computer-Aided (Design, Engineering, Manufacturing)	CAX (CAD, CAE, CAM)	计算机辅助(设计、工程、制造)	Product Conceptual Design	PCD	产品概念设计
Computer, Communication, Consumer Electronics	3C	3C类产品(计算机、通信、消费电子的合称)	Psychological Attributes of Products	PAP	产品的心理属性

续表

英文名称	英文缩写	中文名称	英文名称	英文缩写	中文名称
Computer Integrated Manufacturing	CIM	计算机集成制造	Quality Function Deployment	QFD	质量功能配置法
Consumer Electronic	CE	消费电子产品	Research and Development	R&D	研究开发
Design and Manufacture	D&M	设计与制造	Semantic Design Ideas	SDI	语义学设计理念
Electronic Design Automation	EDA	电子设计自动化	Semantic Difference	SD	语义差异法
Educational Electronic Product	EEP	教育类电子产品	Support Vector Machine	SVM	支持向量机
Electronic Product	EP	电子产品	Theory of inventive problem solving	TRIZ	发明问题解决理论
Electronic Product Conceptual Design	EPCD	电子产品概念设计	Three Dimensional Printing	3DP	三维立体打印
Electronic Products Design	EPD	电子产品设计	User-Centered Design	UCD	用户中心设计
Fuzzy Analytic Hierarchy Process	FAHP	模糊层次分析法	Virtual Design	VD	虚拟设计
Fuzzy Weighted Average	FWA	模糊加权均值法	Virtual Reality	VR	虚拟现实技术